Spiritual Culture
青心文化

在阅读中疗愈·在疗愈中成长
READING & HEALING & GROWING

扫码关注公众号,后台回复《荷欧波诺波诺的奇迹之旅》,
即可获得专业音频讲解,实现高效精读!

荷欧波诺波诺可以帮助我们找回平衡。
当我们借着每一分每一秒的清理,
脱离了内在的纷扰,从中获得自由的时候,
这时所呈现出的世界,就是我们一开始被赋予的生命样貌。

这片面积 1650 英亩的荷欧茂(Ho'omau)牧场,
是 KR 女士通过清理遇见的。

上：KR 女士开着"川崎"摩托载我。 KR 把她买下的所有中古全地形多功能越野车，都各自取了不同的名字。

下：KR 女士和她的女儿凯拉，以及正在放暑假的孙子。 小孩们从早到晚都沉醉在照顾动物的生活中。

卡琳女士站在她新家的院子里。

这位是马拉玛女士,位于夏威夷凯(Hawaii Kai)住宅区的中庭。当时正吹着一阵舒服的微风。

问题不在外面,清理你的内在才是最重要的。

访问结束后,我们乘着乔纳森先生亲手做的木筏观赏夕阳。

上:由左至右为葆拉女士、作者、马拉玛女士。

下:乔纳森先生与爱犬波诺。

上：纳卡萨特夫妇。

下：纳卡萨特夫妇的房子位于卡拉玛溪谷。光线从餐厅的天窗照射进来,家中放着来自世界各地的摆设,这些摆设得到小心呵护,让整个家变得更明亮,更清洁。

从院子可以看到远处的钻石头山。婚姻生活、养育小孩、找房子、工作,文氏夫妇透过荷欧波诺波诺找回了自己,同时也一直过着踏实的生活,笑容从未从他们脸上消失过。

夏威夷火山国家公园里的基拉韦厄火山,是夏威夷诸岛的活火山中最活泼的一座火山。传说中,女神佩勒住在基拉韦厄火山,莫娜生前每次造访大岛时,都会前来祝祷。

这些是怀伊雷娜刚搬来住的时候，从院子的土壤中挖出来的古董瓶子。窗外是怀伊雷娜引以为豪的一大片灵感花园。

破洞的屋顶和地板，以及宛如垃圾场的庭院，经过每天一点一滴的修护，现在变成这个样子！

和一起生活的山羊去采摘院子的蔬菜、水果,是她每天必做的事。

从跳蚤市场与以物易物得到的物品,以及路上别人不要的板子,所打造出来的厨房。里面的每个餐具和磁砖,怀伊雷娜都非常喜欢。

上：KR 和女儿亲手做的晚餐——肉酱意大利面和凯萨色拉。KR 的凯萨色拉实在是道极品。她说秘诀在于："把新鲜大蒜加得满满的就对了！"

下：KR 的牧场入口。之前的牧场主人是好莱坞演员詹姆士·史都华。

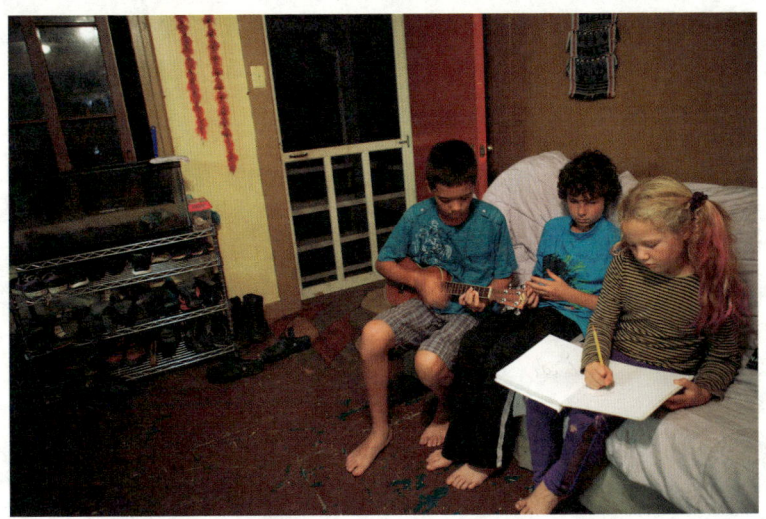

上：管理牧场的 KR 女儿凯拉，以及 KR 的孙子安娜尼亚和马丁。

下：马丁和其他暑假从加州过来玩的孙子们。

我们在这条熔岩路上稍作休息。"熔岩的原子和分子也有记忆。它们像这样让我跟它一起发挥出各自的能力,我心里只有感激。"KR。

KR 的孙子过来拯救我们。"只要多开几次,很快就会了!"他们不断开朗地鼓励我。实际翻覆的那台 ATV,尺寸比照片中的 ATV 还要大一些。

这是由多种生态系构成的荷欧茂牧场。每当我踏入这块土地时,都会通过清理来聆听土地的讯息,看看我们是否做了什么不必要的事情,以及它需要什么样的照顾。调查团在牧场内发现濒临绝种的植物,目前正在进行调查。

在大岛的最后一天。

全新修订本

荷欧波诺波诺的奇迹之旅

ホ・オポノポノジャーニー
ほんとうの自分を生きる旅

[日] 平良爱绫 著
邱心柔 译

中国青年出版社

目 录

引　言　关于莫娜　　　　　　　　　　　　　　　001

推荐序　最有说服力的一本零极限书籍　曾宝仪　　007

前　言　夏威夷有一群人每天的生活都是荷欧波诺波诺　009

第一章　开始喜欢上自己——001

第二章　待在对的地方——010

第三章　生命中比任何事情都重要的事——027

第四章　活出你自己的蓝图——043

第五章　与内在小孩一同焕然一新——104

第六章　通往自己的旅程——130

第七章　KR 的荷欧茂牧场——162

第八章　KR 与吉本芭娜娜的荷欧波诺波诺对谈——206

第九章　关于荷欧波诺波诺——232

后记　最适合你的，即将到来——236

附录　清理工具的使用方法——241

引言
关于莫娜

  我们要回归平静

  在水牛徘徊的这片原野上

  仙人掌仿佛正要开花

  即使你感觉此处像沙漠一样,不会创造出任何东西

  也要感谢山、河、谷,感谢这个世界

  生命不断延续,时间不断流转

  此处将溢出丰沛的水

  原本空无一物的地方,将会有小鸟啼叫

  树木与高山,会跟岩石与矿物一起

  鸣起鼓动的声响

  我们是安全的树木

  "我"的起源是一条将所有生命

引导到家、大自然、神性智慧的道路
照进光芒，告诉我们属于各自的完美道路
这是一条光明的道路、正确的道路
"我"的道路

  尽管外界存在各式各样的问题，但真正存在的只有大自然跟你自己，以及其中的连结。在你个人当中，没有任何事物存在。

  只要能了解自己真正的意识，就能和其他人交流，甚至也能和天空及海上的浪花、植物、动物、矿物、土地、原子与分子交流。也就是说，整个宇宙没有任何秘密。（摘录自1989年4月11日，夏威夷州众议院委员会议上夏威夷州宝莫娜·纳拉玛库·西蒙那的演讲内容。）

莫娜·纳拉玛库·西蒙那

（1913～1992）

莫娜1913年诞生于瓦胡岛,双亲为夏威夷原住民。母亲莉莉亚·西蒙那是夏威夷王朝最后的卡胡那(夏威夷原住民的传统治疗师)。莫娜自己也在3岁时受到认可,获得卡胡那的称号,从很小的时候就开始借语言治疗法与源自Lomi Lomi(夏威夷按摩术)的夏威夷传统治疗法,开展治疗师的工作。

莫娜拥有瓦胡岛的卡哈拉酒店度假村及夏威夷皇家饭店的Spa中心。以此为据点,当时就有许多顾客从世界各地前来拜访。著名的访客有美国第三十六任总统林登·约翰逊、美国第三十五任总统夫人杰奎琳·肯尼迪、职业高尔夫球选手阿诺德·帕尔默等。

1976年她受到灵感指示,将传统的夏威夷荷欧波诺波诺,发展成既简单又有效、适合现代人的荷欧波诺波诺回归自性法(Self I-dentity through Ho'oponopono,简称SITH)。

莫娜这么介绍荷欧波诺波诺回归自性法:

"荷欧波诺波诺是什么?是一种纠正错误、找回完美平衡的方法。我所讲述的现代版荷欧波诺波诺,对于所有想改善压力倍增的人际关系或状况的人，都能有帮助。荷欧波诺波诺是借着清理、解放，改变其样貌，从而找出真正的自我意识。一旦找出真正的自我意识，就能理解自己与他人的关系。不只如此，甚至世上一切生物以至无生物等，万事万物在创造上的神秘，都能深入细致且透彻地理解。

"借由找出自我意识，而获得解放，便能将存在于内外那些不平衡的情感、波动，在没有压力的状态下予以释放、改变。透过荷欧波诺波诺找到自己，会打开内在的宇宙和心灵的大门。

"一起来清理，并找出真正的自我意识吧。这是为了自己，为了幸福和爱，也为了富足的今天和明天。"

莫娜关于荷欧波诺波诺回归自性法的演讲活动，不只限于夏威夷，还遍及美国本土、欧洲、日本、台湾等十四个国家和地区。

1983年，莫娜受到表扬，获颁夏威夷州宝。她在夏威夷州立大学、霍普金斯大学等美国国内的大学，针对"真正的自我意识"进行演讲；她甚至也以荣誉嘉宾的身份，数次在联合国演讲。

1992年,她接受首位夏威夷原住民出身的美国参议院议员丹尼尔·卡希基纳·阿卡卡的委托,参与华盛顿特区国会大厦上的自由女神像修补及推广工作。这座石膏像,目前位于国会资料馆,其功绩也受到人们赞扬。

同年,莫娜前往德国慕尼黑进行演讲,在郊外的友人家中,在床榻上告别了人世。

"我就是我。"

推荐序
最有说服力的零极限书籍

——曾宝仪

2010年，我阅读了生命中的第一本零极限书。

当时我相当震撼，虽然不是非常清楚所谓"清理"这件事是怎么运作的，但我深深地被"所有事情都与自己有关"这个概念打动，默默地，我开始了自己的清理工作。

与人交谈时觉得烦躁，我清理，试着与被挑起的情绪拉开距离；去新的场地工作，我清理，希望待会儿与会的人们都能用最纯粹的心情感受当下；开车难以找到停车位的时候，我清理（好啦，连这种琐事也清理实在太过分了，但有用啊！我需要！），清理找不到停车位的恐惧。

我想办法去上了修·蓝博士在台湾开的课，认识本书作者爱绫，见证了她越洋的爱情婚姻，也在她的影响下，去了趟夏威夷。那是至今想起来胸口依然会悸动,甚至有时说着说着就会流泪的旅行。

越清理就越能感受到零极限带来的神奇,但我常常不知道要怎么跟别人系统地分享,为什么"清理"会有这么大的力量。没法跟别人分享我觉得好的东西,让我很苦恼!

在一趟充满焦虑烦躁的远行工作中途,我打开了这本书的书稿,阅读的过程中,好像也随着爱绫的脚步又走了一遍可爱的夏威夷,那些清澈的受访者的面孔,仿如亲见。于是我意识到,这可能是最有说服力的零极限书籍,因为一个又一个亲身经历的人生故事,浅显易懂,可以让人迅速投入不同的清理情境。

一面阅读,那些伴随我的焦虑与烦躁,渐渐消失不见了。我发现,读这本书的过程就是一种清理,书里的文字在我眼中闪闪发光,忍不住默默说出"谢谢你,我爱你"。

说多就太玄了,我诚挚邀请你借由阅读这本书,踏上清理的旅程。

Thank you! I love you!

前言
夏威夷有一群人每天的生活都是荷欧波诺波诺

  自从我与荷欧波诺波诺回归自性法这个有点不可思议的解决问题之道相遇后，已经迈入了第八年。一开始我完全不明白，当我说"谢谢你、对不起、请原谅、我爱你"这四句话后，究竟会产生什么改变；也不明白当我从潜意识里将记忆消除后，问题获得了怎样的解决。

  但是当我持续下去之后，我的家人找回了灿烂的笑容，而我在人际关系、恋爱、工作等方面，也更能展现出真正的自己，更加游刃有余。

  清理渐渐成为我每天必做的功课，这就像有时候不流点汗会觉得不太舒服一样。可是，当我必须做出人生重大决定时，例如：结婚、离婚、就职、换工作、搬家、严重的争执或忧郁、金钱问题，当这些情况出现在我或重要的人身上时,很不可思议地,我仿佛会彻底忘记荷欧波诺波诺。

我会拼命征求身边人的意见,也会争吵、比较、说谎、丧失自信。荷欧波诺波诺回归自性法的继承人、同时也是将其推广到全世界的首要人物——伊贺列卡拉·修·蓝博士,有一次对我说了这番话:

"灵感绝对不是什么诡异的东西,也不是要你把日常生活、至今的工作、人际关系、想法等全部抛弃。

"发展出这套荷欧波诺波诺的莫娜,自然是凭着这极为稀有的才能,成为受人赞赏的治疗师,她还将解决问题的方法加以推广,是非常了不起的人。我跟她在一起的时候,发生过许多不可思议的事情。我深深地受她的吸引,在不知不觉间,也成为把这(荷欧波诺波诺回归自性法)当作生活方式的人之一。

"但是,我们不可以忘记,她终究也是女性。她跟你一样活在地球上,在社群中拥有自己的人际关系,也有家人。她会遇到问题,得用餐,要刷牙,会睡觉,会睡不着,也是一天天地在过日子。

"她在这样的生活中,透过荷欧波诺波诺创造出自由,同时也找回真正的自己，扩展了所有的可能性。

"她常常说，所有人类、所有存在，天生就具备这样的能力。不管是什么样的问题，都有办法解决、改变。"

自从我听了这席话，有时会不自觉地去想象已故的莫娜女士。她已经去世了，我当然从未见过她，不过我很想见见将传统荷欧波诺波诺改造成男女老少、任何国籍与宗教的人、在任何地方都能实践这个方法的人。"如果是她的话，在这种情况下会怎么做呢？她会用什么方式清理呢？"不知道为什么，我心里不时产生这样的想法。

我曾经在无意间跟修·蓝博士说出这个想法，而博士似乎也一直记得。有一次，博士寄了封信给我：

"下次你有机会去夏威夷时，一定要见见'他们'。当我在莫娜身边学习荷欧波诺波诺的时候，他们就一直待在那里。虽然现在莫娜已经脱离了肉体的拘束，但如果你的灵魂想了解莫娜的精髓，是可以从他们那里看见、听到的。因为我们都是用莫娜发展出的方式生活，现在这一刻也如此。"

SITH是一种可以帮助我们从问题中解脱，并且活出自己的方法。这种生活方式已经悄悄扩展到全世界。而创造出这种方法,并加以推广的莫娜,她所教导的事物,并没有人将其写成书或博客,大家只是单纯地在每天的生活中不断努力实践。

这些人在夏威夷静静地生活,他们既不会每天花上一半时间静心,彼此的年龄、背景、兴趣、爱好也各不相同。他们拥有自己的职业,在生活中扮演着妻子或丈夫、父亲或母亲的角色,而这样的生活,也将荷欧波诺波诺回归自性法当作人生路标,几十年来不曾间断。

他们是如何与荷欧波诺波诺一同走过人生的呢?持续清理是什么呢?于是,我展开了这趟夏威夷之旅,前去听听他们的说法。他们大胆、真诚地分享了自身的经验与智慧,本书便是由这些内容集结而成的。

当你清理并活出真正的自己时,所体验到的一切事物,都会有神性智慧的气息。

第一章
开始喜欢上自己

飞机已熄灯,机舱内暗了下来,窗户外面,云朵布满了漆黑的天空。我望着窗外,想找找看有没有星星。就在这时,突然想起从前在夏威夷的荷欧波诺波诺课程中,见到一位名叫派翠西·雷奥拉尼·希尔的讲师。这位拥有雷奥拉尼(来自天国的声音)之名的女性,陪伴莫娜在华盛顿特区度过晚年。课程在饭店举办,一天晚上,我偶然有机会与这位讲师在饭店大厅一起喝茶。大厅是开放式空间,跟户外相通,在万里无云的夜空中,星星闪耀着银色的光芒。

"莫娜出生在夏威夷,她从很小的时候就能读取星星的讯息。从没有人教她,她自己练习从星星的位置读取讯息,经过练习之后,也能分辨白魔法与黑魔法。夏威夷有很多人被称为卡胡那,这些人可以使用灵能力来疗愈人们或土地,在夏威夷王国时期是正式受到认可的。但是,其中有些人,甚至是土地,会使用不好的震动来操控人民或土地。莫娜感受到这股力量正在运转。

"这股深不见底的黑暗,让年幼的莫娜感到害怕,从此每当她心里感觉到什么的时候,就会在无意识间将心关闭。有一天,她的身体突然感受到外界土地不断传来震动,再怎么关闭内心都停止不了,这震动还带着一种节奏。年幼的莫娜实在没办法,只好去观察这个节奏,结果发现是一个讯息。

"'你为什么要这么做?我可是把你创造的什么都看得到喔。同时,我也将睿智托付给你,让你足以接受这些事。'

"这是来自神性智慧的讯息。听了讯息之后,莫娜从此不再关上心门。她已经明白要怎么去清理那些东西。尽管当时的她才3岁,但是就算看到再黑暗的东西,也能运用能力,将其对应到自己、大自然、土地,甚至是其他人身上,并加以疗愈。也就是说,她开始了卡胡那的工作。"

派翠西用她美妙的声音,像唱歌般说了这番话,仿佛不是特意说给谁听的。接着,对认真倾听的我,她问道:

"你是不是也会关闭自己的内心呢?当人看到自己内心

或外在出现讨厌的东西时,就会转开视线,或是归咎到别人身上。但是,神性智慧会让你清楚看到最适合你的事物。我们可以用荷欧波诺波诺这个秘密武器来克服。"

我想起了我和派翠西之间的这段对话,再次望向窗外。我也想试着从星星的位置来读取讯息,可是别说读取了,窗外甚至连一颗星都看不到,回过神来,只发现自己眉头紧蹙。于是,转而清理明天即将开始的夏威夷之旅所带来的兴奋感。

抵达瓦胡岛的檀香山机场后,我打开电子邮箱,立刻看到修·蓝博士发来的邮件。

hawaii(夏威夷) 这个词本身就是清理的工具。
ha 生命的气息
wa 神圣的水
i 神性智慧

也就是指神性智慧的气息和水。你知道为什么荷欧波诺波诺诞生于夏威夷这块土地吗?那是因为这块土地可以让水、风、土这些元素直接进入。而这些元素,原本就存在于你体内。不管你身在日本,还是在其他地方都一样。

祝你在这趟旅途中能够察觉到这点。

如果问我喜欢夏威夷的什么,那就是每当我走出户外的瞬间,感受到的那股轻柔的风。

不管走在威基基都会区,还是躺在海滩上,抑或是身处雨林中,都会有轻柔的风从某个地方吹过来。

我在行李领取处找到自己的行李箱,一走出机场,便有风吹了过来。感觉就像一只大大的手掌,轻柔地拂过全身,让人有种很幸福的感觉。

说实在的,这种无法言喻的感觉,我不太能在日常生活中感觉到。不过,如果它原本就存在于自己体内,如果我自己就是其中一部分呢?

我有点喜欢上自己了。

回到自己

当我抵达威基基海滩附近的出租公寓,已经过了晚上 8

点。我在另一栋办公大楼领取钥匙,并在数份文件上签名,这过程简直不带感情,只是单纯把待办事项一件件解决,等我回过神来,人已经到了房间门口。

我用钥匙开门时,突然想起自己和修·蓝博士曾经发生过类似的事。

每当在日本举办课程时,我就会先把博士住宿的饭店信息寄给他,因为博士很重视事前清理。我们在一家已经住过很多次的饭店完成住房登记后,我帮他将行李箱拖到房间。在电梯里,博士静静地注视着我交给他的房卡。

到了房门口,我急忙从博士手中接过房卡,就在我要拿去感应的时候,博士问:"你清理过了吗?房间跟我都拥有意识。其实没有任何一个地方,是我们可以无端进入的。我尽量清理了自己的行李,确认了对方的存在,所以我们彼此都允许对方跟自己在这个地方一同度过这段时光。这一点不管在哪里都一样。如此,土地或房间就会帮助你,让你的才能发挥到最大,并且为你带来所需的信息。

"当我失去家人之后,就算我从别人那里把东西抢过来,或者是从别人那里得到什么,果实也会在内部腐烂,美丽的水就这样流了出去。所以不论什么时候都要记得清理，把自己整顿好。"

而现在，我站在房间前的走廊，接下来将在这里度过一段时光。我感觉博士仿佛就在身旁，于是慌慌张张地想到要清理。这栋建筑物比我想象的还要老旧许多，走廊对面的房间传来电视声，不知道为什么这让我觉得很孤单，昏暗的走廊也让我莫名感到恐惧。另外，"真想在海边优雅度过"这种隐藏在心中的不满，也接二连三地探出头来。我清理了这些情绪后，重新转动门把手，踏入了房间。

"你好，我是平良爱绫，我来自日本。接下来的这个星期，要麻烦你多多照顾了。"打过招呼后，我环视了一下房间，才发现这间小巧的房间，洋溢着温暖的黄光。我将身体缩起来，躺在两人座的小沙发上。当我看着沙发上菠萝图案的布料时，"我可是一个人千里迢迢跑到夏威夷做采访的！""我要去探究荷欧波诺波诺的秘密！""我做的可是特别的工作！"心里原有的这些死硬想法，开始不断融化，我被一股满满的安心感围绕着，这种在日本和亲爱的家人在一起都不曾感受过的安心感，让我觉得可以放心敞开自己。

"大家'回家'的时刻即将到来。只要借着荷欧波诺波诺,把你的使命、执着、判断放下后,就会抵达一个地方。从很久很久以前开始就存在的一个地方。当你不是任何人,单纯只是自己,一个归零的你,这时一切都会在那里流动、诞生、结果。那里就是你的家。"我想起博士说过的这番话,渐渐进入了梦乡。早上醒来时,从昨晚稍稍打开的窗户缝隙,送来了温暖的风。

有一段话是我每天早上醒来,从床上起身前一定会念的。这句话是清理工具的一种,荷欧波诺波诺称之为开始祈祷文——"我就是我"。

这是莫娜经由静心得到的一段用来清理的话语,只要我在开始一件事情之前念,例如一天的开始或前往新地方时,都能让我的尤尼希皮里(潜意识),自动回想起真正的自己。

"在我们活着的任何一个瞬间都背负着过去。当我们早上刚起来的时候,心里想着又是新的一天了,但就算是这一瞬间,我们也还是透过记忆,看到自己跟家人之间的问题,以及各式各样的烦恼。所以我们必须尽可能告诉布满了记忆的尤尼希皮里,真正的自己原本是什么样子。就算你已经忘记了,但是,只要你早上起床后立刻念这句话,尤尼希皮里就会开始清理,帮你在这天活出真正的自己。"

自从博士给了我这样的建议,我都会在下床前念完这段话——

"我"就是"我"。
"我"来自空无显现的光明,
"我"是滋养生命的气息,
"我"是那超越一切意识所能理解的空性,虚无,
是"我",是万相,是一切。
"我"经由水珠画出弯弯彩虹,
是充满念头永无止息的心。
"我"是那进出的气息,
是不可见、不可捉摸的微风,
是无法定义的创世原子。
"我"就是如此的"我"。
即使我不太懂这段话的意义,但只要念了就能在内心按

下清理的开关。过去产生的情绪会为一整天带来很大的影响，正因为这样，才要在一天开始前尽量清理。

今天终于可以见到博士介绍的"他们"了。我清理心中的兴奋感，出发前又看了一次电子邮箱，发现博士又发来一封简短的信：

神性智慧随处皆有，也随处皆无。当你清理并活出真正的自己时，所体验到的一切事物，都会有神性智慧的气息。当你沉溺在记忆当中、迷失自己的时候，即便到了圣地，也看不到神圣的存在。

第二章
待在对的地方

从威基基开车前往位于瓦胡岛南海岸的伊娃海滩,需要45分钟。车子缓缓行驶在宁静的住宅区中,一边开车,我一边核对手边的住址。每间房子的草坪都修剪得很整齐,偶尔吹来的风轻轻摇晃着行道树。

没过多久,我就看到一座有咖啡色屋顶的房子,门口站着一位留着长发的美丽女性。她是卡琳·奥辛,年纪有四十多岁,是荷欧波诺波诺的代表人KR(卡麦拉·拉斐洛维奇)女士的秘书。

我首先来到她家,跟她确认接下来要拜访的那些人的住址和细节。

"好久不见。这座房子好漂亮!"

"谢谢你。请进。"

她脸上出现一如往常的温柔笑容，带我进她的屋子。我也马上注意到，房子里几乎没有任何家具。

卡琳看到我的表情后，笑着说：

"我终于把离婚手续办好了，上个月找到房子，上星期才搬进来的。除了我的家人，你是这里的第一个客人。今天天气很好，阳台那边有桌子和椅子，不如我们来喝个茶吧。"

我第一次见到卡琳小姐，是几年前在KR家开会的时候。她给我的印象很温柔，带着害羞而稳重的表情。之后在夏威夷办活动的时候，打过几次照面，我在日本有事，也会跟她通电话，照理来说不是很久没见。

"我本来想要泡茶的，可是刚刚突然想起来，家里现在还没有茶。看今天这么热，我们就来喝蓝色太阳水（请参阅卷末附录）吧。"

由于一切都是那么自然，卡琳这么说的时候，不知为何，我觉得整座房子都在支持她，帮她活出自由。小巧的露台上摆着烤肉用的桌椅，我们坐了下来，卡琳接着开口说：

"活到现在，曾经有两次，我觉得认识荷欧波诺波诺真的太好了。当然，我每天都在实践这个方法，毫不怀疑它带来的好处。不过，这两次经历尤其让我打心眼儿里觉得'我现在正待在对的地方'。"

"我现在正待在对的地方"，这句话修·蓝博士、KR及许多荷欧波诺波诺的讲师都提过好几次。我之前就留意到，于是请教了卡琳。

清理帮我与周遭接轨

"那我就先从我的成长背景说起。在我9岁的时候，我跟父母和两个哥哥，一起逃亡到大岛（夏威夷岛），生活大大改变了。当时在我眼里，欧洲和夏威夷任何地方都不一样。这是我人生中一个很大的转变，内心很彷徨，于是从某一天开始深思'我到底是谁'，来坚定彷徨的内心。我在学校听不懂大家说的话，一开始也无法融入同学。因为我的发色、肤色和眼睛的颜色都跟大家不一样，所以一直被大家拿来开玩笑。

"当我们搬到大岛一个叫威美亚的地方之后，我拿到私立学校的奖学金，这时我开始思考之后到底要学什么。

"有一天我不经意看了室友的书架，看到一本薄薄的小册子，书脊上写着 *Self I-dentity through Ho'oponopono*，这书名让我感到震撼，于是把手伸向这本书。室友发现我想要拿这本书，对我说：'你对这本书有兴趣吗？'

"学校里最害羞的学生就是我，但这时，我竟然大声说'对'，朋友都吓了一跳。我对这本简单的 SITH 小手册十分入迷，看了一遍又一遍，看到每页都快被我磨破的地步。

"自从我 9 岁搬到夏威夷后，能让我跟我的根源有所连结的，只有父母和两个哥哥，所以我一直从他们身上找寻'我是谁'的答案。每当我在恋爱和人际关系上受挫时，我就会硬从他们身上找出一个答案，所以当时光是听到'真正的自己'这句话，便觉得好开心，好像内心突然开始动了起来。

"不久后，我成年、结婚，婚后马上怀孕了。当我的小孩在肚子里时，我又听到了那个声音：'我到底是谁？'

"于是，我觉得非得学习 SITH 不可。尽管现在肚子里有新的生命，但生育小孩的我到底是谁？要是不明白这点，我就什么都做不到。

"我从十几岁迈入二十几岁时，总是不明白自己到底该做什么，仿佛一直搞错该待的地方。这时虽然我已经结婚、怀孕了，但我觉得不能再让自己这么彷徨下去。在即将被波浪淹死前，我终于发现有条绳索出现在眼前，于是靠着自己的意志握住绳索。这样听起来或许很夸张，但当时的我是很认真的。现在回头想想，当时正是我的尤尼希皮里拼命将我引导到荷欧波诺波诺那里。

"1996年，我参加了在大岛举办的基础课程。课程中提到，至今我出现的所有错误与痛苦，都是不断回放的记忆，这点让我心服口服。明明我没有出什么大错，却总会因此感到消沉。对于这样的自己，我终于能够接受。

"举例来说，在学生时期，每天早上我永远不知道该选哪件衣服。一般青少年在做这件事时，应该都觉得高兴得不得了。最后我会随便挑一件衣服穿去学校，结果每次都觉得很丢脸，与旁人格格不入。在我帮忙做家务的时候，就连选盘子这种单纯的小事，都让我觉得辛苦，但我还是勉强选了盘子摆到桌上，结果也一定会被家人取笑。我一直都知道是自己想太多，但这种事对我来说，影响非常严重，丢脸丢到脸发烫，甚至会想挖个地洞钻进去。我不管在哪里都会发生这种情况。

"在我交了男朋友之后,跟他约会时,或是到了新学校和新朋友相处时,我都会感到很不自在,没办法表现出真正的自己,没办法立即去做对的事。

"所以在我上了荷欧波诺波诺的第一堂课后,我开始能够一点一点用直觉去感受,虽然都只是些微小的事,但这开始让我的人生变得轻松。比如说,我突然想去看电影,这时就刚好有朋友找我去看电影,于是我在一个很棒的时间点去看了场电影。还有,我也会在开车时突然想走平常不会走的路,结果就这样避开了塞车。这样的事情开始自然而然地发生。

"虽然都是些小事,但这些事我原本得绞尽脑汁,不拼命想就没办法决定,就算决定了,也还是会感到与周遭不协调。因此对这样的我来说,突然在人生看到了色彩。我第一次产生信心,觉得我正生活在夏威夷这片土地上,创造着幸福的每一天。我也开始能用平等的心态跟人相处,人际关系也变得越来越好。就像是齿轮咬合了一样,我看到未来正向我敞开,感觉自己跟道路、车子和人之间,产生一股恰好的平衡，而我便活在这平衡当中。这是第一件让我感受到'我现在正待在对的地方'的事情。

"我要上高中的时候，英文已经说得很标准了。但就算过了20岁，每当要说英文时，心脏还是会噗通噗通狂跳。上课时，我鼓起勇气问了那时担任讲师的修·蓝博士，他回答我：

"'只要你找回自我意识，你的英文也能找回自由。并不是你的心跳在加快，而是因为你的英文跟斯洛伐克语回放了所有的记忆，感受到恐惧的缘故。你一说起英文，斯洛伐克语就会心跳加快。只要去清理你的体验、名字、家人、住址，就不会有问题了。土地也有意识，如果你在没有清理的情况下，被迫跟住过的土地分开。体验到这种打击时，只要去清理就好了。'

"我终于能够理解，一直感到难过的真正原因。我一直到9岁为止，在斯洛伐克都跟亲戚和儿时玩伴住得很近，大家感情很好。而来到夏威夷后，却只能通过父母，才能跟出生的国家有所连结，我在夏威夷这片土地感到很寂寞。其实记忆从更早以前，就一直这样了。于是，我开始清理对自己的名字、家人的名字、当时住过的土地所怀有的各种心情。不可思议的是,从那时候开始,我跟丈夫和他家人的关系变得越来越好。丈夫是夏威夷原住民,家族十分庞大。相比之下,我的家族就只有移居过来的5个人而已。每当我跟新的家族在一起时,总是呈现一种被压倒的状态。而这一点产生了变化,我变得可以仔细看着他们每个人的脸,用英文跟对方好好说话。

"荷欧波诺波诺会清理祖先,不论家族的规模大小,只要持续清理,内在的历史便会被修正,内心也能重整旗鼓,我感受得到。

"我到现在还是觉得,如果没有这个中心,我根本没办法在这种环境下养育4个小孩。

"当然,从我第一次参加课程到现在为止,我的人生还是一直出现问题、悲伤和愤怒,毕竟最近我刚离婚。但是我始终拥有一个轴心,无论何时都会想着'啊,出现了一个清理的机会,这是一个让我放下记忆的机会'。多亏如此,我现在才有办法一个人生活;我跟小孩之间的信任也增加了,越来越懂得彼此尊重;和前夫以及他的家族之间,在彼此需要时,也会在完美的时机互相支持;而在工作方面,我担任KR的秘书已经八年多了,这份工作可以展现我的能力,也能让我在经济上自立,因此也从中得到了自信。

"现在的我很幸福。当我必须对孩子说些什么,或是必须指正他们,而小孩不愿意听我说话时,我就会察觉到'喔!又是一个清理的机会',于是会在清理后再跟他们说话。有时候事情马上就会好转,有时也会不那么顺利。不过,只要内在仍然回放着记忆,事物便不会有实际的进展。

"我一直觉得,能够一边清理一边养育小孩,是件很幸运的事。"

清理我们的记忆,往前走

"在你决定要结婚的时候,你已经认识荷欧波诺波诺了,那时你做了怎样的清理呢?"因为当时我正准备在来年结婚,所以忍不住想问卡琳这个问题。

虽然我很高兴自己遇到了很棒的对象,但另一方面,由于对方是外国人,而且婚后我就要开始在国外生活了,因此无论再怎么清理,内心始终还是忐忑不安。

"说起来,在我通知修·蓝博士和 KR 我要结婚的时候,他们两人对我说了这样的话:'请你持续仔细清理想要结婚的动机。'

"当时我是因为恋爱而结婚,所以在他们对我说这番话的时候,我根本不明白所谓的动机是什么。可是我马上发现,其实我强烈希望通过结婚而堂堂正正地取得国籍,在这个国家、这片土地上生活,所以我持续清理了这个动机。但是,现在回过头想想,我觉得多亏如此,尽管原本并不相信自己具备一个人生活的能力,但却能有现在的生活,都是因为借由结婚,让我得以清理不信任自己的根源。"

自从确定要结婚了以后,喜悦的反面,我也有同等的不安。担心会不会发生什么可怕的事情,会不会遭到什么报应,会不会受到什么报复。我在不知不觉中担心"要是结错婚的话该怎么办""要是结错了婚,我就会不幸福"。

"听说从前每当有女性来找莫娜商量结婚一事时,莫娜都会给她们这样的建议:"'并没有什么结对婚、结错婚这种事。之所以会结婚,是因为这样才有机会清理记忆。相反的,有时候想结婚却结不了婚,也是一个清理记忆的机会,这种情况有可能发生。不管是哪种,只要你能持续清理,就会降落在对的地方。因为不断清理内在,所以才到得了那个地方。'

"虽然我一次也没有见过莫娜,但是我一直把这番话记在心里。

"事实上,在我的婚姻生活中,身体经常出现问题。我能做的当然都做了,也去了医院,重新检视生活习惯。可是身体的问题还是一个接一个出现。

"就在这时,我在清理的过程中,决心要离开这个家。我跟先生说了之后,他对我说:'没关系,不过只能你自己一个人离开。'虽然那一刻我哀叹自己深受疾病所苦,还遭到这种对待,不过也心想'唉,我再也不要忽视尤尼希皮里说的话了。从现在开始,我要渐渐找回对自己的信任'。我心想,不管再怎么寂寞,再怎么忐忑不安,若是基于爱自己所得到的结果,事情就不会变得更坏。于是我离开了那个家。

"最让我惊讶的是,在我搬出来没多久,身体状态就变好了，血糖迅速回到正常值。在我罹患疾病的时候，只能通过疼痛和坐立难安的感觉来看待前夫，我没办法以正面的角度看待对方。

"但也不是说自从跟他分开后，我的病就好了。简单来说，从我决心要和丈夫分开的那一刹那开始，终于得面对自己了。我发觉他明明早已不在我的眼前，但我仍然不断对他感到烦躁与愤怒。这跟他没有丝毫关系，都是我内在的记忆播放给我看的。当我终于发现这点时，事情产生了变化。

"首先是对他的感谢。虽然我一直都忘了，但其实我之所以能够在瓦胡岛安心生活到现在，之所以能体验幸福的感觉，都多亏了他；我之所以能跟我美丽的小孩相遇，也多亏了他。

"我终于能将他视为一个值得尊敬的人，并从这个角度来看待他，我已经好几年没有这样了。可是，我觉得这种感觉好像跟什么很像，才发现，这就是我对自己的感觉。虽然我太胖，而且也莽莽撞撞的，但却是个宝贵的存在，我爱现在的自己。那种感觉跟这种感觉非常像。从这时候起，我的身体就一口气出现了变化。

"我的父母是十几岁就结婚的年轻夫妻,他们不喜欢当时的斯洛伐克,于是带着家人移居到夏威夷。修·蓝博士曾经对我说,我要在婚姻生活中清理这个记忆,这可以为小孩的人生带来很大的支柱,而且最重要的是,能帮我活出真正的自己。

"'你只是活在双亲的历史当中而已',这句话讲得太对了。虽然我人生中绝大部分时间都在夏威夷,但我的记忆却在不断回放。尽管拼命努力想要当个好妻子、好妈妈,却又不停反弹,才会感到疲累。

"养小孩会遇到很多事情。我的孩子很健康,而且非常可爱,但我还是无法满足。当他们哭个不停、不吃东西的时候,我就会在意周遭的目光。我也想当个最棒的妻子和母亲,但当我感到生气、痛苦时,便觉得丢脸得不得了。这时,荷欧波诺波诺救了我。

"有一次我跟 KR 说了我的烦恼,她对我说:'如果再一直这样下去,你会沉溺喔。'如果只一味用头脑来想办法解决问题,不去动动身体的话,就会沉到水里。所以我一边清理,一边养育小孩;一边清理,一边跟丈夫吵架。就在我这么做的时候，方法出现了改变，也开始把该讲的话讲出来了。我自己产生了变化。

"在我最痛苦的时候，修·蓝博士对我说：'让你感到痛苦的是你的后悔。这份后悔从很久以前就存在了，而且也不是来自于你。后悔是从你的家人、祖先一直延续下来的，只是你因为结婚的关系而回放了。只要不断去清理这些，你就有办法继续前进。'

"之后我也照常养育小孩，继续我们的婚姻生活，然后走到离婚这一步。小孩现在跟我前夫和前夫的父母一起住，周末会来我这边，现在我们是这样的状态。如果从记忆来看，可以找到许多悲惨和不幸。但是，我现在却比至今为止的任何一个瞬间都要富足。"

卡琳说这些话的时候，她看起来比我见过的其他时刻的她，都要天真无邪且坚强。

"第一次自己一个人住，感觉如何呢？"我问她。

"老实说，在我决定要离婚的时候，我妈妈正住在别的岛上，而且我也不想跟小孩分开，自己也没什么预算，实在不知道该住在哪里。但是，我决定从现在起，一定要好好当尤尼希皮里的母亲。清理了心中的不安、愤怒和恐惧的心情后，我想起当时只带着一个行李箱，就从斯洛伐克来到夏威夷的年幼的自己；想起当时内心的恐惧，完全不知道要到哪里去；大家看待我的眼神，像是看待异端分子一样，让我觉得很难熬；也失去了原本一直待在一起、很疼我的爷爷，因此而感到伤心，我发现这些记忆一直历历在目。我找不到自己的归属，一筹莫展。明明已经在夏威夷生活了几十年，却发现自己仍然还在看着那些事，仍然还在求助。

"我清理了这些心情，稍微冷静下来以后，打开电脑，输入预算和地区的名称，接着就出现了刊有照片的网站，于是联络了对方，这些手续当然也是第一次办。我来看了这所房子，结果房子正合我意。'你觉得如何呢？'对方这样问我，我便回答'好，我要这座房子'，当场就决定搬进来。虽然里面没有任何家具，但是当我去了趟车库拍卖会后，发现了一张刚刚好的沙发，床和厨房用品也在一瞬间全都凑齐了，简直就像变魔术一样。我把这件事跟朋友说了，结果她很惊讶，她说我搬家的过程跟一般人比起来实在简单太多。明天这些家具会一口气送过来，我实在期待得不得了！

"这件事如果放在漫长的人生来看，大概只是无关紧要的小事，可是当人处在极度混乱的状态时，如果出现了一点奇迹或是偶然，就会让人觉得很满足，会觉得：'啊！在神性智慧的安排下，我确实被守护着，我还有办法再继续走下去。'光是体会到这点，对我来说就已经是个很大的礼物了。

"对我来说，持续实践荷欧波诺波诺，就是'be pono''live pono'，是一件正确的事，并用正确的方式生活。荷欧波诺波诺所说的正确，指的是活出真正的自己，找回跟事物和谐共存的自己。"

卡琳总算和尤尼希皮里一起找到自己的归属，她的眼角闪烁着美丽的泪光。卡琳平常很少讲自己的事情，虽然我来这里是为了跟她做事前确认，但之所以会来到这里，搞不好是荷欧波诺波诺为了让我亲眼见证，一位女性产生美妙变化的瞬间。

"谢谢你陪我讲了这么多话。虽然我说不上来，但是像你这样把荷欧波诺波诺的事写成一本书，推广到我没去过的地方，这一切都让我好开心，让我可以更清楚地看到照在道路上的光。真的很棒！"

　　有些人不断清理，从而开拓自由。对此，我心中的感谢与尊敬之情油然而生，无以言表。对于那些令我感到疑惑的事物，我总是视而不见。比方说，关于我深爱的家人，以及我的结婚对象，因为是非常喜欢才与对方结婚，所以我就不去清理，我会像这样去挑选清理的对象。我甚至会感到恐惧，明明只是在清理一个又一个的体验，不知道这样做到底会出现什么样的变化。而这种恐惧，也是一种记忆。

　　从世人的角度来看，卡琳今天这一刻，应该是人生中相当黑暗、低潮的时期。但我眼前的她，正清理着自己的历史，满溢着能量。

　　我从她强而有力的态度中，察觉到仍有记忆残存在我自身当中，于是我也立刻开始清理。

第三章
生命中比任何事情都重要的事

卡琳送我出来后,接下来我要去的地方是夏威夷凯。夏威夷凯全年几乎都是晴天,所以较为干燥。我来到小艇码头附近,街道上林立着出租公寓,时间还只是上午,但天空万里无云,阳光将马路晒得发烫。

马拉玛·马可维奇女士六十几岁,她这几十年来,担任荷欧波诺波诺的董事会成员,与 KR 女士、修·蓝博士以及莫娜等人一同进行相关活动。她长年待在美国退伍军人事务部的健康管理部门,从事荣民与退役军人的创伤后应激障碍(PTSD)的照护工作。

她指定的见面地点,是在她出租公寓的广阔中庭。六月下旬的夏威夷已经是夏天了,九重葛、缅栀花(鸡蛋花)和其他不知名的热带花盛开,就像一座乐园。过了一会儿,我看到一位女士昂首挺胸从远处走来,正是马拉玛。"她是我的好伙伴,我们常常一起做晚餐吃。"在我第一次遇到马拉玛时,KR向我介绍道,那次以来,这是第二次与她见面。

"谢谢你特地过来,很高兴再见到你。"

我们笑着握手,她马上给我一个大大的拥抱。在这之前,现场安静得仿佛时间停止一样,只有灿烂的阳光照射下来。这时突然吹起一阵风,吹响了四周。

"这简直就像HA呼吸一样(请参照第九章),对吧?或许神圣的气息正守护着我们。因为我跟你都有一点紧张,所以Mana(指生命的力量)就在我们的内心被记忆塞满之前,为我们吹来神圣的气息。我常听修·蓝博士说,这是一份神圣的工作,所以我们绝对不可以忘记清理。"

马拉玛笑着说,接着坐到中庭的长椅上。今天这种天气实在让人觉得水喝起来十分可口。我将宝特瓶递给马拉玛,跟她一起喝水。此时安静得连我们咽下开水的咕噜咕噜声都听得见。

清理回忆，让它成为一阵风

"莫娜受到了指引。"马拉玛开始说。

"传统的荷欧波诺波诺，借由一群被称为卡胡那的特定人士，将神性智慧交到那些他们认为是问题原因的人们手上。莫娜也是一位卡胡那。莫娜有一天感觉到，要是她再继续进行这个仪式，内在的眼睛就会再也看不到东西。不管是什么样的存在，都与'源头'及'神性智慧'直接连结，并且活在灵感之中。但其实，任何存在都能收到这样的礼物，而传统的荷欧波诺波诺却非得要以他人为媒介，才能达到这样的境界，她认为这种方法总有一天会面临瓶颈。这种缺陷随着时代的变化，总有一天会在互相推诿业障的过程中，使问题变得更加严重。

"于是她开始静心，接着从灵感中得到让每个人在任何时候都可以找回完美的自己的方法——荷欧波诺波诺回归自性法。而这就是跨越血统纯正的夏威夷原住民的框架，万物皆可适用的新荷欧波诺波诺的诞生。"

我对传统的荷欧波诺波诺并不清楚。有时候演讲时会有人问:"传统的荷欧波诺波诺和我们现在使用的回归自性法有什么差别?"这时,讲师们会回答:"我不知道。"仅仅如此。他们不会比较,也不会分析。讲师会接着说:"我唯一感兴趣的是,我是否在用现在知道的方法来清理。"

因此,马拉玛的这番话让我觉得新鲜,同时也感觉哪里怪怪的。

"在莫娜开始推广荷欧波诺波诺回归自性法的时候,她对身边为数不多的人说:'我们在推广这个新方法的过程中,需要不断去清理判断的记忆。我们也可能会体验到一些争执,例如和别的方法相比较,或是去争论某个地方和某个东西是不一样的。但就连这样的体验,也都是原本就存在于内在的,这跟世界上的战争在意念上都是同质的。我们不要忘记,自己借着这个方法选择了自由。我们从自由中做出选择,我们爱着尤尼希皮里,这就是我们自己。只要用这种方法与世界接触,便能自然找回与一切智慧和律则相调和的状态,不须仰仗他人的判断,也能活在这种讯息中。'

"我跟你都选择了自由,我只想先确认这点。好了,这个话题到此为止。"

马拉玛的表情很平静。在我听她讲话的时候，内心深处有个小小的疑惑。这怀疑绝非对于荷欧波诺波诺，我疑惑的是，我是否真的能够自由选择自己的人生？多亏了这个机会，我可以去清理这个想法。我更加深刻地明白，即使荷欧波诺波诺很深奥，令人捉摸不透，但如果我选择了自由，只要去清理就好。

"我遇见荷欧波诺波诺，刚好是在我姐姐诊断出患有思觉失调症的时候。母亲在报纸上看了莫娜治疗师的报道，知道了这个课程，于是我们就去参加。当时我还很年轻，是护理学校的学生，在当时的我眼中，莫娜是优雅的夏威夷阿姨。上课上到一半时，她突然走到我身边对我说：'了解真正的自己到底是谁，比背诵乘法口诀表、交朋友、结婚、存钱，比其他任何事情都重要。'

"她突然对我说这番话，表情看不出是在笑还是在生气，尽管如此，我却发现自己很喜悦。长期下来，我看着姐姐精神状态越来越不稳定，觉得很难过，很想帮助她。家人也日益疲劳困顿，而我却没办法解决困境，这令我感到愤怒。我采取的方法就是不去做任何快乐的事情。为了维持生活，我努力读书学习，几乎不做其他事。所以，虽然这时我还不太了解荷欧波诺波诺，但这位迷人的女性告诉我，将注意力放在自己身上，比其他任何事都重要，而这让我感到非常开心。

"我在课程的休息时间，找莫娜谈了姐姐的事情。我告诉她姐姐对别人和自己都暴力相向，现在正住在精神病院里，并询问要怎样才能治好姐姐。当时莫娜说的话，我到现在还记得清清楚楚。

"'当我遇到问题的时候，或是当别人面临不幸的时候，我不会想去改变对方，我会清理自己。这样做不是为了别人，是因为只要你不消除那些包覆着的记忆，不原谅那些记忆，事情就不会改变。若不拯救自己，你也没办法拯救任何人。只有某些人受惠，只有某些人损失——宇宙中原本就不存在这种平衡。你看到外在的世界后，感觉不协调，这代表内在失去了平衡。在你反复进行判断时，并未活出自己。这情况就像是坐在一个永远不会停止的旋转木马上，不断看着幻影一样。'

"老实说，当时我受到很大的打击。因为我原本期待见到莫娜后，她可以改变一些事情，可以把姐姐的病治好。莫娜宛如听到我内心的声音，又接着说：'你不开始清理，就算事情真的有了改变，也只能用记忆观看。你的记忆正在说：世界上存在着贫穷，政治人物是坏人，家里有病人，只要有这些情况，世界就不会和平。可是，这些是你经历了好几个世纪累积下来的。对于绝对智能所带来的仇恨与胁迫的记忆，你的尤尼希皮里为了向你证明这点，于是一而再、再而三地变换问题形态，不断让你看到问题。只要你不放下记忆，就看不到身边的人，也不会注意身体上的微小变化，你没办法注意到奇迹总是源于自己。'

"莫娜的口气非常严肃。等我回过神来，才发现她把手盖到我的双眼上问我：'你看得到吗？'这时我感到自己因为姐姐罹患思觉失调症一事，变得一蹶不振。

"'问题不在外面，清理你的内在才是最重要的。'莫娜的声音温柔到令人不可置信。

"之后，我一直努力跟尤尼希皮里说话。就算姐姐讲了可怕的话、采取了可怕的行为，即使母亲累倒了，我也还是会先跟尤尼希皮里说：'对不起，你一直都抱着很痛苦的记忆。请来帮帮我，让我放下这个记忆。'无论在学校还是在家里，我都会尽可能问他：'尤尼希皮里，你好吗？你有没有想做什么事，或是想吃什么东西呢？'我反复对他说'我爱你'。当然，我同时也一直持续帮助家里，但心理负担却变得越来越轻，这一点连我自己都很吃惊。

"总之，就在我持续清理与照顾尤尼希皮里的时候，姐姐也出现了变化。那时她住的医院使用了大量的药物治疗，虽然母亲跟我都反对这个做法，但医院说，要是不让他们使用该方法治疗，他们就不让姐姐住院，所以我们也无可奈何。这时，我持续清理对于这家医院与药物治疗所抱持的判断与意见。

"结果，过了几个星期，我发现姐姐的意识慢慢变得清楚了。我问医生，医生告诉我用药量减少了。这件事让我很惊讶，更吃惊的是，虽然药量减少了，姐姐的模样却并不凶恶。这时我才发觉，我才是那个最觉得'姐姐不用药就无法保持正常'的人。于是我重新清理了对姐姐的想法，以及我对思觉失调症抱持的认知。

"这段时期我一直持续参加课程。虽然莫娜在课程中没有说出姐姐的名字，但她一直重复说：'我要不断提醒大家，这个方法不是用来拯救别人的，这方法是用来拯救自己的。一切物理上的存在，原本都很完美。如果你用你的视觉、听觉、味觉、思考等，体验到不完美的东西，这是你的问题。原因不在外面，你只需要清理自己的记忆，只要这样就好了。'

"我就这样不断地清理，大约过了两年后，姐姐的用药量减少了很多。虽然姐姐还是不太稳定，但是她清醒的时间已经变得比不清醒的时间还要长，可以进行普通的对话。有一次我去看她时，她说'我想去某某医院'。一开始我还以为这是她在电视上或什么地方看到的虚构的医院，但是回家后查了电话簿，竟然是一家实际存在的医院。我带着不可思议的心情，跟母亲一起去这家医院参观，发现那家精神病医院极力避免药物治疗，他们通过运动等方式来做长期治疗。而且从母亲的住处开车不到30分钟，比原来那家医院还要近。

"虽然我不知道姐姐是从哪里得到这个信息的，她有可能是从别的患者家属那边听来的，但不管怎样，这都是姐姐凭借自己的意志采取的行动。我们立刻帮她办理转院，姐姐后来一直在那家医院住到现在。虽然母亲已经上了年纪，但这家医院离家很近，所以全家人都可以帮忙看顾。

"我的工作是治疗荣民和退役军人的PTSD，这工作我已经做了很久，患者全都是曾待在军队的男性。疗程持续一段时间后，患者往往会变得焦躁，表现出暴力的一面。但我借着姐姐的存在，以及清理那些与姐姐相关的事情，能更加坚定地面对工作。患者确实都诊断出患有PTSD，但我会先清理内在，再与他们相处，便更清楚该做些什么。这边的医护人员经常辞职或出现人事变动，而我却很稳定地待着，把这工作看作是我该扮演的角色。之所以如此，是姐姐让我看到了灵感，还有，尤尼希皮里不论何时都支持着我。只要发生问题，就是我和记忆没办法接轨的警讯，也就是清理的机会。"

我一边听着马拉玛说话，一边回想起已经去世的表弟泰特。他住在美国，当时是一名大学生，在9·11恐怖攻击后，他出现了梦游症。半夜他会在提高警备的街上徘徊，当时警察并未保护他，而是逮捕了他，就这样被强制送去医院住院。医院让他吃了许多无法想象的药物。最后警方虽然允许他回家，然而由于并用多种药物的缘故，他陷入意识不清的状态，在家人视线离开的空当，发生意外事故而去世。

我发觉我也将这件事归类到不清理的类别当中。对这件事我感到无可奈何，这是发生于外在的不幸，我没办法拯救家族的任何人，因此我终究是无力的。我得出这样的结论，至今一直没有好好清理。尽管每当我想起表弟，感到悲伤的时候，就会清理，不过听了马拉玛的这番话，我察觉自己对于精神障碍有一种恐惧，对药物抱持着极端的偏见，对警察和医院这些权威有一股无力感和愤怒。我仔细去清理这些想法，虽然对此感到恐惧，但每当清理的时候，我就会想起从前跟表弟一起玩的回忆，想起他喜欢跳舞，他的脸跟我比较像，我带着梅干当伴手礼他非常开心，他超级优秀甚至还跳级读大学，虽然我的数学完全不行，但他一点都没有取笑我……我想起了像天使一样和善、家族所有人都很喜欢的、体贴的泰特。

不知道从什么时候开始，我变得只能以不幸的死亡来回忆他。我越清理就越能感觉到泰特在这里，我越是去清理我的想法，内心的他就变得越来越自由。当他还健康的时候，他签过器官捐赠同意书，所以在发生事故、确定脑死亡后不久，他便立刻被直升机送往需要的患者身边。当时家族全员都在一旁看着这一切，我清楚回想起那天是一个爽朗的晴天，天空是非常清澈的蓝。我越是清理，泰特就越清晰鲜明。我希望泰特变得更自由，我希望他可以是自由的。不，一直以来失去自由的是我才对，有责任让我体验到泰特回归自由的，只有我。

虽然一直以来我都没能去清理，不过眼前再次出现了清理的机会，这是件多么难能可贵的事。

我们待的地方又吹起了大风。说起来，从前泰特好像常说他想去夏威夷看看。

所有的存在都是完美的

"爱绫，你看过伊贺列卡拉（修·蓝博士）生气的样子吗？"

马拉玛突然问我这个问题。我常常看到博士在演讲中以严肃的口气回答问题，或是当我没有清理，导致慌忙行事或情绪化的时候，博士也常会无声地告诫我。尽管如此，仔细想了想，我还从没见过修·蓝博士生气的样子。

"我看到过修·蓝博士生气，就这么一次。当时我以助理的身份去参加课程，课程结束后，有一位癌症末期的女性找博士讲话。她被医生宣告只剩下3个月的寿命，她对伊贺列卡拉说了癌症的具体症状，但她本人的态度非常平静。她说她已经接受死亡，来这边是想要在死前学习清理的方法。伊贺列卡拉静静听她说完后，温柔地抱了抱她，对她说：'你是一个神圣的存在，我很荣幸见到你。'

"伊贺列卡拉在这个时期，开始以训练者的身份教授课程，而莫娜则在房间的角落透过静心的方式参与。事情发生在我和其他助理、伊贺列卡拉，还有莫娜坐车回饭店的路上。当时车里非常安静，但是伊贺列卡拉的样子跟平常有点不太一样。莫娜可能也发现了这点，她突然说：'请停车。'当负责驾驶的助理把车停下来后，莫娜说：'现在需要清理。'修·蓝博士响应了莫娜的话，他用低沉而清晰的声音说。

"'治疗人们是一件很神圣的行为，我们所有人在跟别人相处的时候，都必须把对方看作是神圣的存在。医生扮演着医生的角色，在现在这个时代，必须告知患者的剩余寿命，这点的确也很重要。但是，如果没有察觉到对方是个神圣的存在，那么，对方和对方的灵魂便会迷失。'

"虽然修·蓝博士原先一直很安静，但当他说出这段话的时候，我发现他在生气。车里的所有人都各自清理了自己的体验。过了一段时间，莫娜才开口说：'这是存在于我内在的记忆，疾病存在于我的内在。若不把对方看作是完美的存在，就会使灵魂变得不自由。实际上，任何事物都各自在自由的道路上，而硬将患有疾病的人类从神圣中分离的记忆，是存在于内在的记忆。谢谢你让我看到这些，伊贺列卡拉。'

"过了一会儿，大家沉着下来，我们便回到了饭店。这并不是说宣告患者剩下三个月的寿命是不好的，医生也没有错，但是，伊贺列卡拉肯定是从这体验中看到我们内心不知不觉都病了，也看到人类原本就应该无条件充满着无限可能。"

我一句话都说不出来。要是我生了病，也会把医生当作神，希望医生尽可能给我最好的治疗。一直以来，当我的家人生病或受伤时，我也会拼命祈祷，希望他们能接受最好的治疗。虽然以后我可能还会这么想，但仍必须去改变自己的历史才行。不该只是去悲叹病人、伤员、日渐老去的所爱之人以及自己。他们的灵魂一直都是完美且无可取代的，我想要重新找回内在的这种连结。

没有人知道我表弟的真正死因，但是，当家族体验到这意外的死亡时，一切充满了谜团，怎么想都得不出一个结论。不过，能让一个生命结束运作的这庞大且复杂的存在，肯定是无法用意识来掌握的。

我能做的，只有去清理失去他的悲伤、痛苦、怀念与难以忍受的感觉，对于做过与没能去做的事，感到后悔与充满罪恶感。我清理偶尔想起的他的模样，和对他的思绪，让自己变得越来越澄澈。在这过程中，我对于一个已经去世的存在，仍然会涌出爱一般的情感，应将这情感化为自己的道路，活在当下。我能做的，也只有这样，而且，我想这便是神性智慧带给我与人们同家人连结的真正意义。如果没办法感觉到爱，只要持续清理就好。修·蓝博士常说，爱本身就是真正的自己。

　　当然，清理还是为了自己。不过，只要爱再度于内在开始流动，肯定就会成为广大世界的唯一魔法，让生与死等一切事物各自回归原本的路上。同时我也明白，在远方不知道的某个地方，某些人或某些动植物不经意发出的魔法，肯定也让我好几次度过了难关。

　　而无论何时都不停止运作，是我唯一能带给尤尼希皮里的生命养分。

　　"我们差不多要道别了。谢谢你给了我一个很棒的清理机会。多亏了你，我终于看到现在应该清理什么。"

　　道别比我想象中还要干脆。马拉玛确认我接下来要去的地方后，再次拥抱了我，接着快步走向出租公寓。我目送她离开，就在我要上车的时候突然发现，不知从何时起，再度吹起一阵又一阵的风。

第四章
活出你自己的蓝图

　　下个目的地是纳卡萨特夫妇家，地点在卡拉玛溪谷。我向当地人询问得知，从夏威夷凯到那边，开车大约要二十分钟。路上的景色渐渐转为牧场和小型田地，坡度越来越大，绿油油的草地依旧绵延。随着高度越来越高，阳光也变得越来越强，空气还是一样干燥。卡拉玛溪谷从前是夏威夷原住民的居住地，自从对外开放后，至今已经过了三十多年。

　　我是纳卡萨特夫妇的粉丝。六年前大岛（夏威夷岛）曾经集合各国训练者和主办人，举办了一个大型课程。那时，修·蓝博士请纳卡萨特夫妇替会场事前清理。当时我刚开始实践荷欧波诺波诺没多久，我拼命准备水，搬东西，把资料发到每张椅子上。

　　就在这时，这对夫妇在会场中的行为让我动容，于是我一直偷看他们。他们仿佛精灵一样,不发出一点声音,默默移动到偌大会场中的每个角落,像在做什么祈祷。他们的举动一点都不怪异,宛如是在对地板、墙壁、椅子,甚至每片瓷砖打招呼,既高洁又美丽。我感觉他们经过的地方,空气都改变了。

他们跟博士是老朋友,夫妇俩长年在茂宜岛教授课程。当天主持课程的是修·蓝博士,上课上到一半,他突然望向夫妇中的太太琴,问她:"你现在看到了什么?"个子娇小的琴没有半点迟疑,快速从椅子上站起来回答:"自我清理。"之后就再次坐下。

她简短的回答让整个会场鸦雀无声,因为所有人都把注意力放到她讲的这句话上。从一般的角度看,博士跟琴的这段对话没头没尾,实在令人无法理解。即便如此,时机和她那大小适中的音量,就像一个人打嗝打不停的时候,刚好在一个恰当的时机就此停住似的。那一幕给人这种感觉。

还有一件事我也印象很深。大概在这次来夏威夷的一年前。当时在台湾举办课程,由琴担任讲师。课程顺利结束后,隔天早上我送琴到桃园机场,这时发生了一件不可思议的事。我本来就是一个行事比较仓促、草率的人，但在这不到一个小时的路途中，我竟然在讲师身边睡着了。我只记得当时心里想"虽然这条路平时经常走，但今天却这么闪闪发光，好漂亮喔""能坐在琴旁边，真的很荣幸"，接着就没有记忆了。醒来的时候已经抵达机场候机楼。我吓了一跳，急急忙忙付钱给出租车司机，并向琴道歉。结果琴一脸认真地对我说："你刚才是在静心。多亏了你，我也体验了一段很有活力的时光。感觉很舒服，对吧？"

事实上，这段睡眠极为香甜，已经可以排进我人生的前三名了。这么说可能有人觉得我在开玩笑，但我很重视睡眠。只要睡了一个香甜的觉，一整天都会感到心满意足。所以当我突然醒来的时候，也被这舒服、轻盈的感觉震撼到了。并且，当我心想"怎么把这种感想拿来对讲师说"的时候，琴就称赞了我的睡眠。这种体验是我有生以来第一次，我老实告诉琴，我真的睡得非常好，她深有所感地说"真是厉害"。

办好了登机手续后，我目送她离开，这时我打算跟她打最后一次招呼，就在此时，泪水同时从我和琴的眼睛流了出来。我心想"明明不难过,到底为什么会这样"?而这时,琴微笑着走进大门。这对我来说,实在是个不可思议的体验,虽然我不知道该如何表达,但这感觉让我心里轻松又自在。

总而言之,我一直很期待这次能再见到纳卡萨特夫妇。

家的气息

车子铆足劲攀上溪谷后,进入了独栋房屋林立的住宅区,眼前只有一条道路。这次我跟住在夏威夷的艺术工作者潮千穗小姐同行,她将担任此趟旅程的摄影师。就在我们觉得应该还要继续往前走的时候,他们二人立刻从屋子里同时现身。我感觉到他们全身上下都在向我们说"欢迎"。虽然他们个子比较娇小,但我看到他们朝这边挥手的样子,感到很幸福。将车子停到房子前面,我跟千穗下了车。他们立即边说"欢迎、欢迎",边带我们走向房屋。我好久没有听到他们的声音了,虽然声音不大,却能清晰入耳,接着又融化到空气中,他们的声音就是这么不可思议。

房子周遭非常宁静,进屋后更加寂静,里面一片冰冷,像是小巧的乡下教会。房屋整体是全白的墙壁，离大门不远的厨房有一个天窗，光线直直地从那里照进来。天窗的正下方则是餐桌，我们围坐在餐桌旁，开始说话。

"我们两个人的祖先都是冲绳的家系，在祖父那一代移居到夏威夷来。"丈夫雷斯塔对我们说，指了指摆在餐厅里的家族相片。

"我们到现在一次也没去过日本（在本次采访之后，他们于2014年终于前往日本担任课程讲师）。因为祖父母都说日文，所以稍微听得懂一点点。明明一次都没去过日本，但却对日本有种思慕之情。所以现在你们两位日本人来家里，我们有种理所当然的感觉。"琴一边说话，一边把她准备好的装有五颜六色点心的大盘子端上餐桌，好像是招待亲戚小孩来玩一样，热情地催促我们吃。当我回过神来，才发现自己已完全放松瘫坐在椅子上了。

"这是他们两个人耕耘已久的空间，很少会被别人弄乱，尽管放心好了。"我感觉从某处传来这样的声音。

雷斯塔依序给我们看他与琴的父亲、母亲和亲戚的照片。

"这是琴的爸爸,这是我的阿姨,这是琴的曾祖母,这是我爸爸。"

我发现琴静静流着泪,鼻子没有发出任何声音,脸也没有皱在一起,只是一脸平静,泪水一滴滴地流下来。

在雷斯塔不断让我们看那些黄褐色的家族照片时,琴呢喃道:"大家都回到他们真正的家了。"

"话说回来,这间房子真的很沉静。"担任摄影师的千穗说。虽然这边原本就是住宅区,然而那股干燥的空气,又让房子显得更加宁静。但实际上,仔细环视后,会发现屋里充满了热闹的物品。

小小的达摩摆设、迷你雏人形、精灵摆设和娃娃,再加上盆栽与无数的蓝色瓶子,墙壁上挂着大自然的旧照片,房子里到处都有水晶,发出一点一点的亮光。

这种宁静并不是那种孤寂的静。这座房子的主人将各式各样的存在整顿得有条有理,让这些不会发出声音的存在,仿佛传出了声音,可以自由飞来飞去。像是在响应我心中的想象,琴说了这句话。

"对啊,这个家里最吵的就是我先生雷斯塔了。"

雷斯塔微微耸了耸肩,笑着把照片放回原处。洋溢的光线,点心的香气,单单只是坐在这里,两人的身影便让我彻底感到安心。这时琴说:"虽然我们家的东西都杂乱地摆在一起,但是每天都能创造出平静,因为家里每一个物品都在实践荷欧波诺波诺,大家都是自己来决定自己要放在哪个位置。"

雷斯塔指着一个像是用黄豆画出来的小人偶说:

"就连这样的小东西也有自我意识。它为了让我们放下记忆,特地大老远跑到我家来。它们简直就跟我们一样,有着各自的目的,所以今天才会在这里。挂在墙上的这幅风景照,在这瞬间也实践着荷欧波诺波诺。"

琴说:"只要你一直清理,每个物品都会告诉你它们应该待在什么地方,你应该怎么对待它。只要持续通过清理来进行这个步骤,即使这边只住着我们两个人,也能感受到平静,感觉每天在不断地跟一群伙伴交流。"

接着,雷斯塔补充道:

"因为我们遇到了荷欧波诺波诺,一直不断地清理,所以就可以听懂它们的话。要是我们感觉不到它们阳光又充满灵性的存在，或许我们的生活就会有点寂寞了。"

我才发觉，不知从何时起经常听到"断舍离"这个词，尽管不是很懂它真正的意思，但还是跟着潮流，不管三七二十一直接把东西丢掉，认为把物品控制在最少才是美德，哪怕是那些莫名深深吸引我的东西，也会在口中说着"断舍离、断舍离"，整理家的时候，也是一味着眼于让物品减少。虽然当下觉得很痛快，然而家里变得与其说是清爽，倒不如说给人一种不上不下的感觉。

因为荷欧波诺波诺的关系，我认识了担任建筑师的远藤先生，他有一次说了这样的话：

"要真正完成一间房子，必须要有'气息'。可能是一间感觉得到母亲气息的房子，也可以是植物或动物的气息，要是这间房子拥有一个跟它恰到好处的气息，就会让人住起来很舒服。"

他所说的气息，或许可以代换成自我意识。荷欧波诺波诺认为房子也有自我意识。也许只要借着清理，让屋子展现出气息的话，不管物质是多是少，都能形成一个让人舒服的空间。

纳卡萨特夫妇的家就是这种感觉。明明有许多物品，却不沉重，甚至还很明亮，空气流动在其中。

与莫娜相遇

"雷斯塔在大岛长大，我在瓦胡岛长大。我们彼此长大成人后，因为工作的关系搬到茂宜岛，在那里通过相亲第一次见面时，我心里就知道以后会跟这个人结婚。我在29岁结婚，到现在已经过了34年。我们在结婚的3年后，遇见荷欧波诺波诺。"琴开始说。

"有一天早上，在一份叫 *The Maui News* 的当地报纸上，刊登了一位女性的照片。那就是莫娜。当我看到她的脸，不知道为什么，心里就觉得终于见到该见的人了，胸口莫名满溢着悸动。我第一次这样，光是看到一个人的脸就感到很满足，像是拼上了缺少的那块拼图一样。即使我看过许多杂志和电影上那些美丽的明星的脸孔，也从未有过那种感觉。所以我觉得，在了解荷欧波诺波诺和它的概念以前，我的尤尼希皮里就已经努力想让我注意这个信息了。"

雷斯塔听了以后也说:"在接触荷欧波诺波诺之前,我有时候会看一些关于神和精灵的书。我也看了很多关于日本灵性的书。有时候我推荐给琴看,她都一脸没兴趣的样子,书放着人就走了。但是,那份报纸报道莫娜要举办演讲,我问琴:'你有兴趣的话要不要去看看?'她立刻回了我两次:'我要去。'这真的很有意思。虽然报纸上写的内容比我一直以来推荐给琴看的任何书都还要不可思议,但她竟然会主动想要去听这方面的东西,这让我很惊讶。

"那场讲座是在星期六早上,地点在茂宜市一个用来举办结婚典礼和派对的礼堂。我们进入会场以后,马上就发现坐在会场右边的是莫娜。我们找位子的时候,看到右前方刚好有两个空位,于是坐到那儿。莫娜原本闭着眼睛,像在静心。突然,她睁开眼睛看着我们,微微一笑,接着我感觉她呢喃道:'终于见到你们了。'我想说怎么可能,应该是听错了,但心还是噗通噗通地跳。

"我和琴第一次接触荷欧波诺波诺时,也是我们第一次见到莫娜的时候,感觉有股超乎言语的东西,以物理的方式向我们内心深处诉说着什么。讲座进行到一半时,莫娜突然对我说:'请你移动这张桌子。'于是我走到她前面,打算把那张照理来说应该很轻的塑料桌子抬起来,但桌子却纹丝不动。这时,莫娜直直盯着我的眼睛看。有一瞬间我甚至连自己的身体都动不了。之后我才听莫娜说,原来她从我背后看到了我的过去和历史,她就这样了解了我这个存在。"

琴开口说:"莫娜像这样看着她所见到的人们的过去与历史,并借着清理来与这部分进行接触。讲座结束以后,她再次对我们两个人说:'真的很高兴能再见到你们。'虽然肉体上是初次见面,但莫娜发现她跟我们在过去的历史中,其实已经见过面了。

"这时,SITH 组织的基础仍尚未建立,同时也不具有现今课程的形式。莫娜告诉我们,为什么她会在这种情况下,突然在茂宜岛的穷乡僻壤举办讲座。'这个月月中在茂宜岛举办讲座。'仅仅是因为她听过这句话。莫娜从出生那天起,就一直聆听神性智慧传来的灵感,并予以实行。就在莫娜亲自向茂宜岛市公所询问相关事宜时,马上就找到了会场，而且还得以免费在 *The Maui News* 刊登讲座信息，甚至受到采访。

"'在这种自然流动的地方，可以让我再次见到该见的灵魂。对我个人来说，什么东西是必要的并不重要，那时我并不明白为什么要在这里举办，但现在我懂了。'莫娜这么说。"

生来即被赋予的蓝图

雷斯塔接着说：

"莫娜在建立SITH组织之前，一直都是一个人按照灵感的指示，将必要的人聚集起来。在我们以学生身份聆听演讲后，便以助理的身份跟莫娜一起举办相关活动，接着再接受指导。然后琴当上课程训练者，我则是工作人员，仍继续支持相关活动。我们也在这过程中遇到KR和伊贺列卡拉。

"说起来，每当我看着莫娜，总是觉得很不可思议。她老是讲出一些令人感到非常意外的话，也会突然打起瞌睡，彻底活在自由中，但大家却一致认为最适合用来形容她的词汇是优雅。她总是让自己以及周遭的人感觉无比舒畅，宛如绽放在森林里、发出白光的野生兰花一般。

"她摆脱了社会创造出来的价值观，自由地生活着，她的双手、脚步、穿着和说话方式，都让人十分感动，觉得'原来人类可以这么美丽'。

"有一次还发生这样的事情。有位女性常常来上课，她非常喜欢莫娜，她说：'你真的好迷人。我好希望自己说话也可以像你这样。'结果，莫娜用平静又坚定的口吻说：'你在说什么呢？怎么会说想要拥有像别人的声音。这个声音是属于我的，你有你自己的蓝图，绝对不可以偏离这张蓝图。'

"搞不好其实这位女性只是想称赞莫娜的声音，但她却非常认真地回复。"

"蓝图是什么啊？"我问雷斯塔。琴回答我：

"蓝图指的是建筑的规划图、设计图。可是荷欧波诺波诺回归自性法说的蓝图，指的是神性智慧原本赋予你的才能和目的。而且，人类、动植物、矿物、原子和分子等一切存在，都被赋予了蓝图，特别的地图。

"神性智慧赋予的才能、特性等一切事物，都称为蓝图。该去的地方、该做的工作、该邂逅的人、该吃的食物——蓝图上甚至还写了巨细靡遗的事情，连你身上穿的颜色，遇到的书也都写了上去。这张蓝图不只我们每个人有，甚至连植物、椅子、动物，还有石头也都有。该置放的地方，花朵绽放的季节，蓝图上也记载了这些事。

"我们会把这称为才能或特性，但这不是一般认知上的那种才能，这是一种放诸四海皆准、且完美的计划。所以，假如你心想：'其实我不希望自己是黑发，比较想要金发，那就表示不满意自己的蓝图吗？'这倒也不是。这只证明你的内在有回放的记忆。如果没办法喜欢现在的外表，表示记忆已经浮上表面。所以只要清理这些记忆，就能再次回到蓝图引导你前往的完美灵感的道路上。

"有些人清理了记忆后，容貌真的产生了变化。越去清理记忆，就越能自然活出自己的蓝图。就像记忆创造出现实一样，样貌也展现出你的记忆。

"但是荷欧波诺波诺并不是说：'只要清理，你就会突然变成一般人眼中的美女！'从前，我朋友曾经推荐我去看一个运动医学方面的医师,因为朋友说我太胖了,让我很在意。那位医师果不其然也说我的体重比平均重很多,他断言如果一直这样下去,我有可能会在几年内死掉。这位医师病人很多,加上我多少也会在意,所以听他这么说便感到非常害怕,从此每个星期都上健身房。就在这时,有一天我碰巧遇到莫娜,她见到我没多久就对我说:

"'你现在做的事情,已经跟尤尼希皮里讨论过了吗?最重要的是要提供你的内在小孩一个有安全感、感受到爱的环境。对你来说完美的身体,跟对别人来说完美的身体,是不一样的。你的蓝图是属于你一个人的。'

"听她这么讲我才发觉,之所以会做运动、减肥,是因为我对死亡感到恐惧,也就是说,这一切都是尤尼希皮里让我看到的记忆。'太胖了''医生对我讲了那番狠话''健身房的环境我不太喜欢''营养食品无法让我内心感到满足',这些全都是尤尼希皮里为了让我看到记忆,才引发的事情。于是,我开始重新清理,不上健身房,不去限制饮食,也不吃营养食品,我一边和尤尼希皮里讨论,一边吃着我喜欢的食物。

"我实际上的外表就像你看到的,但这个肥肥胖胖的自己,让我感到非常自在。我发觉,当我在这个状态下跟其他人相处时,会有种很温暖、心胸开阔的感觉。虽然我的膝盖长年来一直感到疼痛,但当我开始健走后,疼痛消失了。感觉现在的身体对我和尤尼希皮里来说,就是一个圣域。

"当你活出了蓝图,亦即活出了不受记忆束缚的自己时,外表便不具有美丑的判断,有的只有灵感。看到了你的身影后,灵感也就因此而回来。

"这在身体的所有运作上都一样。当我们清理了对拥有缺陷的人抱有的判断,或是当拥有缺陷的人清理自身后,就能达到真正的目的。莫娜总是说,即便如此,这个特性对宇宙来说,也是宝贵且独一无二的。"

我想起一件我和母亲以前发生的事情。在我读初中一年级的时候,我和母亲两人快步走过广尾的商店街。当时我迟到了,母亲非常生气。那时母亲的工作极为繁忙,就连现在回想起来也会说:"那个时候我真的很痛苦,完全没有多余的心力。"当时的她歇斯底里,做事又极度简洁有力,老实说,那时我觉得母亲非常可怕。

我们会合后,正要去看现在住的房子。我们来到十字路口,红灯马上就要转为绿灯了,这时我看到旁边有位视障的年轻女性。而此时,十字路口站了许多人,她拄着拐杖,勉强置身于人群中。我心想"好危险,但愿她不会撞到别人",并担心得不断看她,但我也想"我们现在正在赶时间,没办法管她",于是又装作没看到。就在这时,绿灯亮了,当大家准备往前走的时候,母亲突然拨开人群,握住那位女性的手,她拉着视障女性缓缓走过斑马线。我只是跟在她们后面。斑马线很短,只有二十五米左右,我们在地铁的入口稍微等了一下,等待刚过马路的人涌进地铁入口。等到人比较少了,女性露出爽朗的笑容,说"谢谢你",向母亲点头致谢,接着就笔直朝不同方向走去。

我不知为何很想向母亲道谢,于是抬头望向她,结果我发现刚刚母亲脸上带着的焦躁表情消失了,取而代之的是婴儿般纯洁的表情。接着,母亲将我紧紧抱住,对我说:

"那个人是天使,其实被守护的是我才对。我感觉她的手传来一股温暖的生命力。爱绫,对不起,这阵子我真的没有多余的心力。"

我最喜欢妈妈这副宛如纯真少女的表情,我已经好久没看到了,能够再次见到这种表情,让我充满喜悦。我不知道母亲和那位女性之间到底发生了什么事,在我眼里,视障女性看似被社会弃之而去,但其实她比当时在场的任何人都还要富足且充满神秘,甚至有办法改变刚好在场的一对不快乐的母女,实在是个伟大的存在。

活在灵感之中

琴继续说:"清理会让你的记忆归零,当你不再塞满记忆的时候,就会按照这张精密的设计图,活出才能与目的,这也就是活在灵感之中的状态。为什么这件事很重要?因为这就是诞生在这世上的意义。虽然很多人认为,荷欧波诺波诺主张的'活在灵感之中'很少发生,很难实现,但其实原本为大家准备的,也只有活出灵感这条路而已。我们之所以没办法做到,是因为记忆占据了蓝图的位置。

"在这条原本就为你准备好的出色的道路上,能在完美的时机遇到对的人、好的点子与富足的生活,可是这条路却在不知不觉中塞满了老旧的破铜烂铁和垃圾，而让你看不到、找不到这些准备好的东西。于是你感到痛苦，打算走另外一条路，但这时记忆却多到满溢出来，因此就越来越找不到路。这种状态一般来说，就是体验到问题的时候。

"如此人便偏离了完美的状态，所以没办法感受到灵感。可是我们能借着清理，重返蓝图。

"你的蓝图并不是从别的地方分离出来的，不是用一张纸就能写完的东西。蓝图拥有毫不间断的节奏，跟宇宙整体的计划连结在一起。当事物各自活出蓝图上的才能时，你会体验到一种完全的状态，宇宙也会开始在完美的平衡下旋转。雨、土壤、蜗牛和小鸟，也都有事先准备好的蓝图，所以你和雨也在某个地方有所连结。所有交织出这个宇宙的事物，都拥有各自的蓝图，彼此密切相关。"

雷斯塔缓缓地说，仿佛正在回想："莫娜常常在课程中对那些没办法原谅别人、恨着别人的人说：'只要你现在不去清理一直以来体验到的愤怒和憎恨，住在地球对面的一名女性，就有可能会被迫面临极度的难产。'

"大部分人听她这么一说，都会动摇。但就像刚刚琴说的，当你用整个宇宙的角度来看的时候，要是连一滴雨滴都跟自己有关连，如果一直抱着愤怒的记忆不放，宇宙某处就会有人失去完美的平衡，齿轮的咬合便会歪掉，难道你不觉得吗？"

当然，我没办法说明我的愤怒跟那些从没见过面的人，或没去过的土地之间有着怎样的连结，也无法用脑子去理解。但当我开始实践荷欧波诺波诺之后，比如说，当我因为恋爱出了问题而清理时，工作上就降临了很棒的机会；当我清理了家庭的烦恼，便会在偶然且绝佳的时机遇到一直想见的人；当我清理了在飞机上产生的压力，下了飞机就在入口处看到一件可以让我开心一整天的事情，这些自己有办法体验到的小事情，已经发生过无数次。

或许有人会说："那纯粹只是偶然，而且因为你处在正面的心理状态下，所以才会出现这种想法。"也有可能是如此。不过，对我来说，变得自由才是最重要的。有什么事比不受记忆的束缚，活出莫娜所说的自己真正的计划还重要的呢？难道聪明到能用道理来说明自己不幸的原因，才比较重要吗?

我会选择前者。事实上,我并不明白究竟发生了什么。但是,越是去清理内在的记忆与垃圾,越能找回自己的道路。我所居住的宇宙就能在正确的平衡下运作,而这些对我而言比什么都宝贵,是我人生的路标。

摆脱判断的束缚

琴说:"荷欧波诺波诺认为'我'是由三个自我组成的。分别是尤尼希皮里、尤哈尼、奥玛库阿,这个组合本身也是一个蓝图,是最基本的部分。他们各自拥有独特的差异和特质。

"举个例子,并不是每个人都很擅长照顾别人,不是每个人都可以把别人照顾得很好。像我自己,当家里有人生病的时候,我就能把他照顾得很好。我会知道该怎么做,在行动上也不会有任何犹豫。但是雷斯塔的姐姐就不一样,她连自己的父亲住院,在我照顾公公的时候,也照顾得不太像样。当然,我请她帮忙时,她也会帮我。她擅长的领域是跟动物和昆虫对话。她一直在照顾自己养的动物和虫类,除此之外也很会照顾野猫、野狗。那就是她擅长的领域,我和她拥有不同的特性。"

在琴说这番话的时候,我完全感觉不到"只有我要做比别人还多的事""大姑把责任推到我身上""哪一方比较优秀,哪一方蒙受损失"的口气,老实说,这让我非常惊讶。我还来不及想象不太擅长照顾别人的这位我没见过的女性究竟是怎样的人,脑中就已经快速浮现出"唉,有这样的大姑真是辛苦"的感想与判断。

听到照顾病人,我心里就会想到:如果有人身体不好,我们理所当然要去照顾。要是不去照顾,那人就显得非常恶劣,尤其近亲又是最该去照顾的——我发觉我的内在充满了不知不觉间累积的普遍价值观。

听了琴的这席话,我感觉自己仿佛可以用手触碰到内在生锈的记忆。"我爱你,我爱你。"当我这样清理了以后,内在的声音仿佛在说:"啊!我真的很想摆脱这些东西的束缚,获得自由。"

雷斯塔对我们说：

"不是每个人都擅长在众人面前说话，同样的，艺术家彼此也都各不相同。不会每个人都使用相同的颜色，画出相同的线条。就像植物有无限种不同的形状一样，有些花会散发出香气，有些草却有刺。可是，他们借着忠实活出自己的蓝图，而拥有推动宇宙的力量。

"其实人类也一样。并不是每个人都喜欢一样的东西，有一样的发质，腿的长度、牙齿的排列和生活方式也都不同，差异让我们的生命闪闪发光，每天都创造出新的东西。虽然这些东西我们无法用肉眼所见，而且大部分的事件与新闻都不会让我们有这种感觉，但这些全都是存在于内在记忆中的。荷欧波诺波诺认为，这些是从宇宙开始，就一点一滴累积而来的记忆。

"从那之后，我渐渐单纯喜欢上自己做的事情。我是公务员，兴趣是鞣制皮革（皮革加工）。虽然制作过程很单调、不起眼，但我在做这件事的时候感觉很幸福。当我慎重仔细地处理生物的皮，内在就会涌出许多东西，甚至还会感觉自己触碰到仍未见过的生物、建筑物及语言。

"但这些情况,是在我接触了荷欧波诺波诺、持续清理记忆以后才开始出现的。当我持续清理之后,每天都和内在小孩尤尼希皮里接触。每次清理,都能不断找回尤尼希皮里。所以,这些我已经持续做了几十年的工作和不起眼的兴趣,不曾让我觉得是在重复一样的事情。

"有时候心胸甚至会有种很辽阔的感觉,仿佛我和尤尼希皮里两个人正从舞台上眺望着广大宇宙似的。虽然蓝图没办法用算式来说明,但我感觉自己能够理解活出蓝图是非常棒的体验。"

羡慕别人的时候,灵魂就像失去身体的鬼魂

接着换琴说:

"有一次,一名女性从佛罗里达来参加课程。她长年担任大企业的CEO,是人人眼中的精英。但是,她上完课后立刻把工作辞掉,开了一家花店。虽然她没有任何后援和相关知识,但她完全不予理会,马上开始着手相关事物。她说了这样的话:'虽然我也不是很明白,不过没关系。因为我眼前就显现出该做的事情,而且最重要的是,现在我能很清

楚地知道,花一直在对我说话。'

"她现在在插花界打造出每年营业额百万美金的事业。有时候就会有一些人像这样,在清理的过程中,突然间让事物产生变化。但是,之所以会有这样的变化,也是持续清理现在的自己、回到蓝图之中的缘故,并不是取决于你喜欢什么。"

雷斯塔说:"如果一味地仰赖思考,便会使灵感封住,没办法把注意力放在原本的工作上,或是没办法找到隐藏在现在这份工作中的宝物。所以,每天跟尤尼希皮里对话,显得很重要。

"'你现在快乐吗?'每天都要在各种情况下问尤尼希皮里这句话。要是你感觉不幸福,甚至还很有压力的话,就要仔细清理。即便体验到'我很幸福!'也一样要清理。用'我爱你'来清理体验。

"只要持续下去,即使自己并未察觉到,但记忆的尘埃也会被一点一滴清理掉,灵感总有一天会再次向你流过来。关键在于尤尼希皮里,如果能跟尤尼希皮里进行良好的沟通,也就是说,如果能照顾内在的另一个自己,就能回到神性智慧的流动中。要记得,神性智慧不是你的佣人,这句话我要不断强调。神性智慧知道什么样的流动与生命最般配。期待是一种记忆,要是对这记忆置之不理,只会再次迷路。但是你总有一天会找到借着荷欧波诺波诺找寻的那条道路。"

琴补充说:"'这件事会为我的人生带来什么样的成果?''为什么他是大富翁,我不是?'我们心里一定出现过这样的想法。记忆会以期待的形式不断出现。"

雷斯塔和琴用良好的节奏轮流说着话。不过在我看来,他们宛如是一边听着对方讲话,一边互相确认现在的自己究竟处于清理的状态,还是靠记忆说出这番话。仿佛一切都在自己的内在当中,从对方的话里将自己一个又一个找出来,像探险家一样,带着雀跃的感觉。

雷斯塔说:"跟别人比较,是永远比不完的。但是,其实你自己并不是在跟别人比。而是因为已经偏离了蓝图,处于与自己分离的状态。莫娜说:'当你羡慕别人、嫉妒别人的时候,灵魂就会变得像失去身体的鬼魂。'

"要在这个世界完成自己的工作,必须得有身体。所以荷欧波诺波诺就是一种很有效的方法。因为这种方法可以整顿身体、灵魂,保持灵性的平衡。"

对我来说,羡慕别人的那种心情,比起表现出真正的自己时那种自在,还要更加令我熟悉。我们从小就在学校用一样的步调学习,在相同的阶段进行等量的学习。因此,当时很羡慕九九乘法表背得比我快的同学。

之后,我也一直在恋爱、工作、友情、家人、金钱等各方面,羡慕着各种不同的人。我现在才发现,原来这种状态下的我,就是没有家的灵魂,于是我便于此时此地开始清理。结果,感觉脚底仿佛稳稳踩到了大地。

神性智慧的足迹

琴继续说:"只要你能了解自己的蓝图,就能了解对方的蓝图。不管是什么样的存在,都有属于这个人、这东西的蓝图,了解这一点非常重要。

"这并不是叫你当个心胸宽大的人。如果你能明白对方也有蓝图,就能找回同为神性智慧连结的彼此,并且能充分享受对方拥有的才能。

"要是透过记忆来观看对方,势必会变成在对方身上找寻理想。就算对方一切都很美好,即使两个人出现很棒的交流,但只要心里想着:'唉,可是这个人在那个情况下很没有礼貌,果然还是不完美,所以我不喜欢他。'这么想的那一刻,你已经没办法接收对方的才能了。同时,自身的美好与光辉,也会被记忆封锁。

"举个例子,即便你在荷欧波诺波诺学到非常棒的东西,在过程中只要发现了一些让你觉得怪怪的地方,或是不太满意的部分,而且你不去清理这个想法,就没办法感受其本质。

"尽管对方对你的蓝图是不可或缺的存在,可以帮助你创造流动,但是,如果心想:'不对,这个人有时候很失礼,所以我不喜欢他。'那么,你的道路便无法敞开。

"任何存在的目的,都不在于是否受到记忆喜欢。这些存在拥有更重要的职责。"

我自从因为工作的关系开始在台湾地区生活之后,便遇到了许多人。在日本的时候,遇到的几乎都是朋友的朋友,有亲戚关系,或是工作上已经见过几次面的人,都是根据原本就有的关系所产生的延伸,因此我在与人相处上没有太大的迟疑。我原本还自认为自己是个外向的人。

然而,在台湾地区并非如此。当然我也遇到许多很棒的人,但我会觉得,每当我跟完全不知道彼此背景的人第一次接触时,如果不几次三番告诉对方自己喜欢什么,事情就没办法顺利进行。于是我便拼命这么做,搞得自己快要累垮。所以,我渐渐觉得跟人相处是件很辛苦的事。

有一次在日本,我跟修·蓝博士说到这件事。他对我说:

"神性智慧会为你准备最适合你的人。神性智慧为你准备了可以帮助你变得自由、回到原本的自己的人。这一切都帮你订做得很完美。"

那时的我,对每个见到的人累积了越来越多判断,我悲叹自己遇不到合得来的朋友,在这样的情况下,变得越来越顽固。听了博士这番话,想起与最近见面的人之间发生的种种,心里更加哀叹:"我一点也不相信那个人对我来说是最适合的人,这种人际关系竟然是为我量身订做的?未免也太痛苦了吧！"博士仿佛看出我内在的心境，他又继续说：

"记忆是一种毒。不管你在怎样的地方或环境当中，如果内在没办法看到光，那就证明你已经记忆中毒了。这时候，就要当场借着清理来找找神性智慧的足迹，如此一来，一定就能再次回到你的道路上。"

听博士这么说，我乖乖开始清理。"我在台湾没办法建构出如预期的人际关系，我对这样的自己感到很焦躁。""尽管博士现在正在我面前，我却还在悲叹着那个远在台湾时的自己，这样的我实在惨不忍睹。"我逐一清理这些念头。每当我脑中乱糟糟的时候，就念："谢谢你，对不起，请原谅，我爱你。"每当胸口感到疼痛的时候，就念："冰蓝。"

在我这么做的时候，内心变得越来越平静，这时突然有个东西映入眼帘。当时我正和博士两个人坐在饭店大厅，等候别人前来，眼前的桌上插着一朵花。我记得我们刚坐下的时候，那朵花只是个小小的花苞，现在那朵花却是盛开的，看起来就像个粉红色的宇宙正对着我摇晃。而这就是我内在产生变化的瞬间，同时也是博士所说的，找到神性智慧足迹的瞬间。

当天晚上，我神清气爽地回到家后，收到住在台湾地区的未婚夫寄来的信："我找到一些很棒的餐厅，我觉得你应该会喜欢！"上面列着咖啡店的清单。一位我在台湾地区有时会见面的朋友也寄了信给我，说她去看了一位日本知名插画家的展览，看得非常开心，于是便想到我，希望能早日再见面。我看着这些信，心里也出现一股单纯的心情，这种感觉就像上小学时，期待隔天跟朋友见面，期待得不得了。这件事让我从记忆中毒的状态中解脱出来，让我由衷感谢在台湾地区得到这份美好的、为我量身订做的人际关系。

想必，我的记忆往后仍会拼命对我讲话："我理想的人是这种人。""只要我身边有这种人，我就不可能幸福。"不过，荷欧波诺波诺让我看到崭新的人生："不管是偶然遇到，还是我认为必然会相遇的人，都是为了帮我找回真正的自己，而出现在我眼前的，都是可贵的存在。在这么广阔的宇宙当中，在一个绝佳的平衡下，彼此都是为了让对方的才能展现出来而与对方邂逅，彼此都是可贵的存在。"

这些关系往后究竟会如何发展，我并不明白。不过，要是这份关系是为我量身订做的话，那么不断清理，让彼此变得越来越自由，就会是它最大的目的。无论我身在日本、台湾地区或是夏威夷，这一点都不会改变。就连现在在我眼前的琴、雷斯塔以及千穗，都是前来带给我机会、放下沉重记忆的人。

转化都是成对出现的

琴继续说：

"她说的所有单字，都代表着我不知道的意思。例如说'转化'这个词，转化的意思是某种事物的形态改变了，但是莫娜在演讲中却说：'当一件事物在我们眼里产生转化的时候，势必有个与其相反的事物在世界某处、宇宙某处引发了转化。人会用好与坏来判断一件事。好的变成坏的是转化，坏的变成好的也是。'

"但莫娜的话还没说完。她说，真正的转化一定是成对出现的。好的部分与坏的部分，阴与阳，甚至连那些在我们无法理解的世界原理中对立的事物，都会同时引发转化。如果用能量的角度来看的话，双方都会上升，最后当意识获得解脱时，双方都会回归于光。因此她总说，宇宙是平等的运转。就算在我们眼里,事物看起来有多么不平等、不均衡,其中仍然有无法用头脑来理解的原理在运作。正因如此,所以我们要把心里所有的判断,身体的体验,一个个加以清理,并取得平衡,不断让残留的意识获得解脱。

"相反的,如果这原理并未运作,即使表面上看起来问题已经解决,实际上也未获得解决。这一点莫娜平时一直不断地重复。现在我已经能体会其中的意思,但当我第一次听她演讲的时候,老实说完全听不懂她在说什么。"

语毕,琴和雷斯塔就像在怀念当时的自己一样,低声笑了出来。听了琴的这些话,我似乎有点明白,为什么修·蓝博士和KR一直不厌其烦地说,就连喜欢、快乐、开心的事情,也都要记得清理。

在我刚接触荷欧波诺波诺的时候,我不懂为什么要去清理那些对自己来说很正面的要素,于是就这样把这件事忘了,也不怎么去实践。不过有一次,我跟一个非常要好的朋友约见面,那天我从早上开始心情就非常好,心里想着"到时候我要跟她讲这件事、说那件事""她跟我真的很合得来,所以每次见面都很开心，今天我也好期待相聚！"感到非常兴奋。由于是要跟喜欢的人见面，我当然就没清理，因为是件高兴的事，因为这个人我很喜欢。就这样，跟对方见了面之后，我一直保持着兴奋的情绪，一同度过了几个小时。虽然一直很兴奋，但我心里却感受不到实际的感受，浮躁的感觉让我很空虚。尽管笑着道别，然而在一个人回去的路上，却感到非常不满足，而且还筋疲力尽，这时我才突然恍然大悟。其实，我不知道究竟发生了什么，我不知道"我好喜欢"这心情的背后到底隐藏着什么样的记忆。"我超级喜欢这个朋友！所以这会是段很美好的时光！"因为打从一开始就这么认定，所以我感受不到朋友当时是什么状态，见了面以后甚至也没有什么真实感。我发现就是这点让我觉得寂寞。接下来，我便去清理了这个体验。从此以后，连那些我觉得很喜欢、很幸福的体验，也都开始会尽量去清理。

琴继续说："可是啊，虽然那时我完全不了解莫娜在说什么，但是她说的转化却把我吸引住了。即便借由谁的力量让问题消失，问题也还是没有解决，并会以问题的形式出现在眼前。应该要找回原本的原理进而产生转化，最后再回归于光。我听了这段话之后，莫名地感动。"

雷斯塔仿佛想起什么似的，开口说：

"莫娜那时还说：'不论是出现问题的时候，或是产生喜悦之情的时候，存在的都只有我和神性智慧两者而已。引起转化的是神性智慧，他是唯一的存在，无论何时都与原本的我及万事万物有所连结。他无条件地包容一切，不断环绕在一切存在中。而我们该做的，是清理每天体验到的那些回放的记忆，找回原有的连接。这么一来，就有办法产生转化。'

"不管身在什么地方，不管以什么工作为生，不管生在怎样的家庭，不管有着怎样的身体，只要反复进行这个程序，便能从记忆中挖掘出原本的自己，也就是自我意识。

"那时我已经结了婚，专心投入工作以维持生活开销，我不断勉励自己，努力打拼是我的首要目标。但莫娜却对我说，'无论在什么时候，最重要的都是找回自己，让灵魂从记忆中回到原本完美的状态，这比任何事情都重要。'

"她那时的模样，我到现在还记得清清楚楚。"

你要拯救的是自己

这时我才恍然大悟,为什么修·蓝博士要引导我踏上这趟旅程。原来是因为莫娜与每天接触的神性智慧之间的对话,就活在他们的内在当中。最重要的是,正因他们毫不隐瞒地向光说不练的我展现出各自的荷欧波诺波诺生活,我从"了解荷欧波诺波诺"中解放出来,得以回到"现在这一刻,我是否实践了荷欧波诺波诺?"这基本的状态中。

我当时准备在来年结婚,我很爱我的未婚夫,他带给我恋爱中从未体验过的安全感与体贴。可以和这样的人结婚,加上身边的人也都给我们祝福,让我很感动。这正是我不断持续实践着荷欧波诺波诺,才得以遇见的其中一件美好。

不过,刚刚听了转化的事情后,才发现其实我一直都把订婚当作终点,对于以后的事没有清理,于是问了他们两位。

"我明年要结婚了,对方是我很喜欢的人,所以觉得很开心。但是自从订婚到现在,我一直忘了清理,结果发现心里感到担忧与焦虑。虽然对方是很棒的人,但老实说,我不确定对方到底适不适合我,也不确定结婚后会不会幸福。"

琴过了一会儿才开口：

"跟适合自己的人在一起就能幸福——大部分人都会有这种期待。这种期待是自然而然产生的，并没有什么不好。可是，我们没办法在真正的意义上明白，到底谁比较适合自己。比如说，在特别的日子给你某种惊喜、给你某样礼物的人？要是用这种方式来衡量幸福，你绝对无法得知自己是否真的幸福。

"即使你认为'让我住这种房子、买车给我、这样对待我父母'的人，就是一个好的伴侣，但其实这不是你自己想的，而是记忆让你看到的。也就是说，这些想法可能来自你过去得不到满足的回忆，或是受到社会蔑视的记忆。

"所以，假如在这种状态下跟理想的对象结婚，即使你非常拼命地做家务，但是，由于你和对方的尤尼希皮里之间没有谎言，因此对方的尤尼希皮里就会看到你那庞大的回忆。那已经不是爱了，是一种近乎恐惧和执着的东西。所以对方从你做的家务中，感觉到的不会是爱，而是恐惧。莫娜说，这就是夫妻之间反复出现争执的原因。

"正因为如此，找回自己比任何事情都要重要。莫娜总是说'先拯救自己'。当我们处于未清理的状态下,会将一直以来累积的记忆传递给那些偶然与我们相遇的人,让他们变成记忆的傀儡,接着再次观看回放的记忆。

"为什么我会和这种人结婚?为什么我会有这样的家人?为什么我只有这样的朋友?如果你这样想,就要先清理心中的期待、理想、恐惧。事实上,每个存在都应该是自由自在的,但你却把过去的影像注入身边的人或环境中,让他们受此操纵。因此,无论何时都要先问问自己:到底是内在的什么东西,导致这种现象发生?

"你不需要知道答案,只要一直反复问自己这个问题,就能从判断对方的循环中脱离出来。对方批评你的父母,花很多钱,放一些你不喜欢的音乐,买你不喜欢的礼物送你。要清理所有的体验和想法,接着再说话、采取行动,然后看看会出现什么样的结果,一定会有地方慢慢出现改变。"

雷斯塔补了一句。

"现在到底正发生着什么样的事呢?我现在究竟在看什么呢?倘若向内在踏出一步,事物就会渐渐产生转化。这是强而有力的一步,能让你从一直以来束缚着自己的判断与思考当中解脱出来。"

琴继续说:"你觉得人为什么要结婚?是为了得到社会认可?因为爱着对方?莫娜说,我们结婚的理由,是因为对方和自己之间有着由记忆牵起的缘分,这会让人变得不自由,因此我们才要透过婚姻生活找回自由。

"也就是说,倘若你决定要结婚的话,真正的目的就是要通过婚姻生活,找回自由和自己;而倘若不结婚或无法结婚的话,则是因为你需要通过这体验,找到真正的自己。也就是说,你可以通过结婚而清理某些事物。你的结婚对象则是你的神圣伴侣(神性智慧给予你的蓝图上所遇见的伴侣)。对方是来给你清理的机会的,是无可取代的存在。结婚是为了找回真正的自由。

"莫娜总是说:'如果你的尤尼希皮里体验到幸福,那么,不管你是否结婚、是否离婚、是否有小孩,都可以在这个宇宙中,通过专属于你的工作连结到所有生命,并且每一天都创造出生命。'"

雷斯塔说:

"当时我们结婚没多久,莫娜对我们夫妻俩说:不论你是男是女，如果你想找能让你幸福的伴侣，唯一的方法就是展现出自己原本的模样。如果想要展现出原本的模样，就必须经常自我反省，同时也必须仔细实践。当你能够展现出自己的样貌时，围绕在身边的所有存在，也会找回真正的自己，因此就会留下平静。若周遭发生不协调的状况，就要仔细检视在活出自己的过程中，是否存在着记忆，是否淤塞，并加以清理。清理后，吵个架；再清理，原谅对方。实践荷欧波诺波诺并不是为了终结一些事，而是为了让原本存在的东西浮出台面，并将其解放。有些人结婚可能是为了钱，这一点有时候可能连当事人都没有发觉。但是荷欧波诺波诺并没有说这不好，只是有些事这个人必须在这种情况下处理而已。或许这个人正通过婚姻生活，来清理金钱的自我意识也说不定。"

雷斯塔接着说：

"我们无从得知谁好、谁不好。莫娜常说，我们没办法知道一个人的灵性层面承担着什么。

"'如果你想要找到问题的原因，就不能去看超过半径 5 厘米的地方，任何时候都要先回到内在。当你向外寻求答案时，就等于超出了你跟问题相关的所有界线。如果你并不打算负起超出范围的责任，就要先做自己的事。'"

琴接着说：

"我长年任职于教育部，常常面对各式各样的儿童问题。我以前会对这些事过度热衷，觉得无论如何都要拯救这些小孩，必须提供他们更好的环境才行。但这时我身体出现了状况，深为疾病所苦。这种工作方式完全就像莫娜所说的，超出了问题的界线。我背负了太多问题的负债，于是问题的答复首先回到了我的内心，最后再回到身体。当我体验到疾病后，才明白'你现在已经超出界线了'的讯息。

"首先，我开始清理每天都会亲眼见到身负儿童问题的自己，尽管这个职业是我自己选择的。虽然他们看起来问题重重，但每个人都是完美的存在，而且，只要我无法回想起环境本身其实也是完美的存在，那么，宇宙就没办法再次展现出完美，让人体验到完美。因此，莫娜才会告诉我们，荷欧波诺波诺是个很有效的方法。

"当然，我还是要实际地工作。但是，每当我发现自己觉得孩子们好可怜，看起来好痛苦的时候，以及对他们的父母做出判断与批评的时候,就会反复清理。当我这么做以后,首先身体的问题消失了,此外,当我要让一个案件通过时,就不可避免与上面的人发生冲突,但等我回过神来,自己已经站在拥有决定权的位置了。现在我也还是会在当下的体验中清理。一直以来,我都是为了拯救他们才去清理,但就如莫娜所说先拯救自己那样,我开始深深体会到,其实,我是为了清理,才会做这份工作,站在这个位置上的。"

平静源于自己

雷斯塔看着远处说:

"莫娜的声音像海一样深,充满慈爱,虽然低沉却洋溢着女性色彩,那个声音就像是创造的源头。莫娜的父母都是卡胡那,在她只有3岁的时候,她来到刚进行完卡胡那仪式的母亲身边,对母亲说:

"'这个仪式没办法让任何人真正被原谅。如果不自己实行的话,任何人都没办法获得原谅。'

"'你闭嘴。'她的母亲总是把她赶走。对了,她还跟我说过前世的事情。莫娜之前有一世也是生在夏威夷,每天晚上在威基基海滩做着某份工作。深夜的海滩会聚集许多徘徊不定的灵魂,而她的工作就是要将这些灵魂送回某个地方。但是,莫娜这个时期还不知道清理的方法,有一次她在遣返灵魂时失败了,因而丧命。所以她这辈子就遇到荷欧波诺波诺回归自性法,并且专注于找回真正的自己、消除记忆,以及导正问题。莫娜常对大家说,在自己的内在并未整顿好,没有自我的状态下,处理灵魂是非常危险的,很有可能会因此而送命。

"由于莫娜身边聚集着来自世界各地的身心灵工作者,因此她总是一再表示,自己内在所产生的转化,以及回到自己的过程,比任何事都重要。你不该着眼于问题的对象,而该清理内在累积的负债,这么一来,与此相关束缚在地上的那些灵魂淤塞,也能产生转化并且归零,一切存在都会回归于光。"

听了琴和雷斯塔说的话,我感觉自己从已故的莫娜那里,再次回想起一句荷欧波诺波诺的话,即已经有些迷失的"平静源于自己"。人生的图案每天不断在变化,这图案不像是由自己上色的，而是由周遭的要素上色的。这或许会令人感到手足无措，然而，无论眼前是怎样的图，无论喜欢还是讨厌这幅画，我都有办法去清理，这就是首要工作。一直到结婚当天，以及婚后，我一直持续清理那些该清理的体验和想法，并且在这过程中找回自己，这就是我的工作。

琴突然开口说："SHANTOSE。"我不明白这个字是什么意思，于是又问了她一次。琴说："日本不是有句老话叫做'SHANTOSE'吗？我奶奶总是会对我说这句话。"

我想了一下，马上明白她说的是"しゃんとせい"。虽然我这年代的人几乎不会使用这种说法了，但我知道这是要人振作起来的意思。

"当我发觉自己忘记清理，已经快要记忆中毒的时候，一定会对自己说SHANTOSE。"

我非常真实地感受到，琴长期下来每天都在自己的人生中勤奋清理，一想到这里，不禁胸口发热。

在一旁，我看到摄影师千穗的嘴巴塞满了琴几次三番叫我们吃的巨大杯子蛋糕，吃得津津有味。其实我不太喜欢吃美国那些裹着糖衣的甜食，从刚刚开始，脑中的一角就在思考，对于两人出于好意而端出的这些颜色夸张的杯子蛋糕，我要怎样才能不碰。不过，看到千穗吃得那么津津有味，我也饿了起来，打算吃一口试试看。于是，我清理了"我不喜欢吃甜食"的想法，接着大口咬下。坐车绕了半圈瓦胡岛后，身体已经有些疲惫，带着些微咸味的甜点，刚好能深入疲惫的身体，轻柔地在口中扩散开来。我跳脱了不喜欢吃甜食的自己这个束缚，杯子蛋糕对于此刻的我来说，肯定比任何富有营养的食物都要完美。在这一刻，我眼前有这些亲切温柔的人们，同时也与空间紧贴在一起，我对于自己竟然能这么自由，深深地感动。

我发现琴和雷斯塔也都吃起巨大的杯子蛋糕，好像大家在一起野餐一样，感觉十分开心。琴边吃边说：

"不是有人喜欢在自己做菜的时候，把奶油加得比外面卖得还要多吗？或者是把调味料的盐改成酱油之类自己喜欢的调味料，或是喜欢比较酸的口味。这些对于活出自己的人生，都是很重要的养分。"

听她这么说，我的心怦怦跳了起来。说起来，读小学时，每当一个人在家肚子饿时，我就会翻箱倒柜找找看家里有什么食材，并用这些材料做出自己独创的菜式。我会在包着满满乳玛林内馅的面包上，再涂上乳玛林；还会把柠檬切半之后涂上维他命C粉，接着用小汤匙挖来吃。这便是我的代表作，我把它取名为"双重柠檬"。这些事情我都忘了个精光。那时真的很开心，而且那些食物也非常好吃。虽然只有自己一个人，但当下却感到满足，心灵很富足，而且，在我制作、享用食物的这段时间，整个家就是我的自由国度。

现在呢？虽然我还是一样爱吃，不过大多会参考社会上流行的吃法、养生法，并选择食用这些食物。我觉得这么做既开心又能有所学习，对身体也有帮助。

但是，当身体状态很差的时候，我会跑到爸爸和奶奶家，吃他们做的菜，如此便能立刻恢复精神。他们并未使用现在热门的食物，就连用的油也只是普通的色拉油，可是，却能让我的身体很快恢复健康。或许是因为我从小就在这里受到大家所爱的缘故，同时也因为，对这个家的人来说，这就是最完美的调味、最可口的食物，令我想起从前心中"大家都喜欢""感觉好棒"的纯真祈祷。

小时候无意做的那些算不上菜肴的料理，都是不会出现在精美食谱上的菜，不过，就在我忠于那瞬间的味觉，一边用餐一边享受着食物的外观与触感时，我想起了心里曾经有过的祝福这世界的感受。

每个人都是无可取代的角色

就在我想起这些事情时，雷斯塔又开口说。

"究竟有多少人真的想跟自己的内在小孩接触呢？我们有时候会有些灵光乍现的情况。举例来说，平常你都在这家店吃，但今天却想吃吃那家；或是同好会的成员一致赞成出来聚聚，所以你就跟大家一起出来了，但其实你想在家做蛋糕，一个人吃或分送给邻居，这样才让你感到幸福。只要一边清理这些内心的小小变化与感受，一边去做想做的事情，有时候就能因此而清理到较大的记忆。

"喜欢或讨厌一件事物，是不需要理由的。因为不管是哪一方，都是这世界从开始一直在回放的记忆带给我们的体验。正因如此，我很重视忠实地清理内在那些细小的事情。

"因为我们的记忆太过沉重,导致完全忘记自己的职责,忘记自己是来这宇宙做什么的。每个存在被赋予的蓝图,都是完全独立于社会普遍价值观与规则之外的。

"在你今天来这里以前,你身上具备的方法与原理,尤尼希皮里都很清楚。"

琴接着说:

"有一次课程结束后,我们要前往工作人员的家简单用餐,就在我要坐上前来接送的箱型车时,我发现莫娜不在。于是我去找她,结果发现她在建筑物后方的停车场,正在跟管理员爷爷讲话。等到莫娜回来后,我问她:'你在做什么?'她告诉我:

"'我去道谢,谢谢他管理那个场地,支持我们这两天的活动。在课程开始之前,我就发现有人在守护这次活动。虽然我不知道这个人是谁,但我现在知道了,原来是他。他是一位天使。'

"在这个世界上,有许多存在并未活跃于幕前,但却给世界带来很大的影响,或是对社会有很大的贡献。每个人原本就有自己无可取代的角色。每天去一家商店买面包的奶奶、商店收款机里的钱、以及每天以诚待人、以尊敬与感谢之意对待客人的店长，如果每个人都处于被清理的状态下，人类就能活出自我意识，金钱则能活出金钱的自我意识。举例来说，当这些钱受到清理之后，所带着的幸福，就能将必要的物品送到需要的人手上。

"只要有一个人活出真正的自己，所有场所的神圣时机，即一切事物在完美的时间、地点进行对的事情的时机，便会回到我们身边。"

雷斯塔继续说：

"莫娜告诉我们，即使你没有意识到，活出自己也是深刻的事，而没有活出自己，又会为这地球带来强烈的伤害。这不是某一个人对我们施加的诅咒。每个人活在这世上，都共同拥有活出自己的责任。"

在这次的旅程当中，我原先给自己的课题是完成采访，以及请千穗拍出好照片。同样的，当我每天起床看了当天的日程安排，就会自行认定哪件事是当天的大事。例如说，会议、跟家人吃饭，或是与很久不见的朋友见面。但是，其实每件事也都在完成"让我活出自己"这个很重要的任务。或许不管我做什么，都不会对琴、雷斯塔和千穗产生什么改变，但是，每一刻是否活出自己，是否不断清理记忆，肯定会关系到是否能让现在照着原本的形式运行。

琴又说：

"莫娜的发音一直都很清晰，让人觉得好像每个字都很想被她说出来一样。她常常清理言语。她说，清理在所有地方、所有想法下使用的话语，是很重要的一件事。

"我感觉得到你为了要跟我们说话而拼命清理，这么做非常棒，所以我从刚才就一直在清理自己讲的话。那时莫娜说的，我现在完全能够明白了。"

雷斯塔接着说：

"莫娜是个很直接的人。有一次她的顾客要动手术，过来请莫娜帮她清理，让手术的疼痛可以减到最小。莫娜教她清理的方法，她自己也做了。但是当顾客准备回去的时候，莫娜告诉她：

"'如果感到疼痛对你来说才是对的，那么疼痛就会到来。这份疼痛,并不是为了要侵蚀你,而是为了让你学习谦虚。我看得出这是为了要让你达成这辈子的目的所须的东西。这是个很好的机会,让你可以借着疼痛去清理,从而遇见真正的灵魂与身体。'

"那位女性素以骄傲出名,而莫娜一直以来治好无数的疾病和伤员,所以她这番话十分具有说服力。这位年轻女性对莫娜的话感到有些错愕,边哭边听莫娜说:

"'只要你体验到那份疼痛,就能摆脱至今所背负的所有记忆伤痛和重担。'

"最后,这位女性的表情变得柔和,平静地回去了。隔天顺利完成了手术,而她在那之后也结了婚,生了小孩,现在还担任荷欧波诺波诺课程的工作人员。

"我们有时候会想借着清理来找回某些事物或治好某些疾病。但只要持续清理,就会突然明白为什么这种情况会出现在我们身上。然后,当我们再继续清理之后,就会像完全忘记这些事一样,遇见摆脱束缚后的自己。

"在这种状态下,你会感到自己正在神性智慧的身边,发挥着生命的作用。"

别成为记忆的奴隶

雷斯塔继续讲:

"我从小就经常思考很多关于宗教的事情,因为家人信仰宗教的关系,我常常看到人们批评其他宗教,并拿其他宗教与自己的宗教相比。但是,自从我遇到荷欧波诺波诺以后,我就明白之所以会有这种体验,原因并不在于宗教。莫娜有一次对我说:'当你将体验到的宗教与其他事物比较时,就变成记忆的奴隶。在这种情况下,无论哪部宗教经典都不会对你说话。'

"扫墓、做礼拜,不管你做什么,都要先清理自己。实实在在地清理这些仪式与风俗习惯中所有体验到的事物。这么做会妨碍到你的信仰吗?应该不会才对。

"有一次,一个虔诚的天主教徒问莫娜:'我要怎么一边清理一边学习天主教呢?我从来没听过有这么便宜的事情。'

"莫娜说:'当你清理了以后,就会通过天主教而得到灵感。这是一种很大的智慧。你不只能够学习它要传达的本质,还能活出这种本质。天主教绝非存在于你的外在。本质并不像单恋一样，永远都无法得手，其实你的内在一直都体验着它。

"'只要消除了记忆，你就能看到、感觉到，并且活出这种本质。我并不是在论述是否有神，真正的神是谁，荷欧波诺波诺讲的只有一件事，那就是来源只有一个，每个人都能借着清理而遇见来源。而来源其实原本就一直与你连系着。'

"我听着这两个人的对话，眼泪流了出来，第一次感谢与理解我的家人早在我出生前就一直信仰的宗教。多亏我的记忆消失了，才真正感受到至今所学习、相信的事物，这种感觉是自然而然出现的，并非主动也不是被动。我感受到一股安心感，仿佛自己终于能够回到真正的家。"

在我的印象中，已故的外婆总是沉迷于某些事情，从奇异的养生法到宗教都有，不过，她晚年由于过度沉迷于某个宗教，因此做出一些让整个家族都感到悲伤的事。在外婆去世之后，母亲为了抚平外婆的死带来的伤痛，曾经有段时期不断来往于世界各国，参加自我启发课程与灵性课程。外婆和母亲都曾经叫我和弟弟也去参加、学习那些他们为了拯救自己而学习的事物，可是我们都没准备好。这肯定是因为，我们在了解这些事物原本所拥有的那些美好涵义之前，自己的家人被耍得团团转的模样已经让我们伤透了心，同时，我们也为此感到丢脸，我有段时期甚至还对这样的家人感到羞耻。因此，很长一段时间，对于宗教与灵性等所有教理，我都会有强烈的抗拒与愤怒。

在我刚遇见荷欧波诺波诺的时候也是这样。我心想母亲一定又会为此而一下高兴、一下难过，最后又会离此而去，不过，我却发现她渐渐出现了改变。我才知道，原来这个方法是在帮助人活出真正的自己，只看你愿不愿意去实践而已，即使不去实践，荷欧波诺波诺也不会对你说，你会因此而受到惩罚。

当你在人生的各种场合，快要迷失自己，很痛苦的时候，要是能忽然想起自己真正的模样，是件非常美好的事情。不需要换个地方生活，也不需要改变生活方式，在现在待的地方就可以实践。我一直看着母亲，发现她从某个时候开始，自然而然找回了天真无邪的笑容，就连她任性、不讲理的地方，都仿佛跟世界有一种协调的关系，甚至还让我有重生的感觉。我才明白，原来这世界其实一直都是敞开的。我在这里可以表现出真正的自己，在那里也可以表现出真正的自己，在任何地方都可以。只要去清理问题，就不会受到任何限制，自由是可以由自己找回来的。

而且，自从我开始实践荷欧波诺波诺之后，便一直清理小时候因为宗教而尝到的苦涩回忆。就这样，我一点一滴找回外婆，并不是那个因宗教而迷失自己的外婆，而是身为我细胞一部分的外婆。她有着敏锐的直觉，抱有远见，在那艰辛的时代，凭她一位女性的力量开创了新的时代，是很帅气的外婆，守护着母亲的伟大外婆。每当我清理痛苦的回忆时，就会不断找回外婆。

听了雷斯塔讲的话，我再次想起去世的外婆，也回想起当时的宗教事件。我把痛苦的回忆和仍然残留的些许恨意，一并加以清理。虽然我仍然未能彻底放下，但我想起从前外婆像是唱摇篮曲般，温柔地对我诉说她通过宗教接触到神的事。"神一直都在守护着爱绫""爱绫要活得像自己，这样的话，神就会一直看着你"，这个宗教肯定还有各式各样的教理，但外婆为了让年幼的我容易理解，于是用精简、短小的方式对我诉说。我想起她当时那温柔的声音，也对外婆那时通过宗教而接触到的神，致上了感谢。外婆为了前往那个境界，而把事情弄得一团糟，也为整个家族带来了伤痛。当我一一清理这些事情之后，开始从心底盼望外婆从前一直想去的地方，会是个很漂亮的地方。

"来清理我的内在吧""把所有东西都清理一次""就这样一步一步来，找回更多我们家族间真正的连结吧"，我的内心出现了坚强的感觉。

在雷斯塔说到宗教的那一瞬间，我顿时陷入了阴沉的情绪。然而，由于雷斯塔大方地告诉我们，他透过莫娜而获得的宗教观，让我又再次清理了"宗教"这个自我意识，和自己之间的所有记忆，并再次找回新的自己。

我们都是神性智慧下的原住民

琴说："莫娜终归都会说到自由。她说，你借由清理所找回的是真正的自由，只有真正的自由才是真正的你。"

听了琴的话，雷斯塔突然问我："爱绫，你喜欢夏威夷吗？"

我立刻回答:"当然喜欢!我甚至还想住在这里!"

雷斯塔笑着说:"莫娜还讲过关于夏威夷人的事。'要当一个夏威夷人,身上并不需要流着夏威夷原住民的血,也不需要住在夏威夷。真正的夏威夷人,指的是找回自由,并且把这份自由带给整个宇宙的人。'"

我听了很感动,和坐在旁边的千穗相视而笑。

琴说:"在莫娜刚发展出现在的荷欧波诺波诺回归自性法的时候,很多人拿它跟只有卡胡那才有资格使用的传统荷欧波诺波诺比较。莫娜曾谈论过一次这件事,只有这么一次。

"'虽然说传统荷欧波诺波诺只有夏威夷原住民才能使用,但是我们在这里使用的荷欧波诺波诺回归自性法,却可以让所有人使用,甚至还超越了物种,连所有的原子和分子都可以使用。说起来,原住民究竟是什么意思?我们所有人都是住在这个宇宙之中的原住民,不是吗?我感觉到潜藏在深处的部分,总有一个我在唱意大利文的歌曲,我也觉得自己似乎了解空手道,有时候也会觉得自己知道该怎么打猎。我们大家的记忆在彼此连结的状态下,体验着宇宙发生的所有历史，没有任何一个人例外，因此大家理所当然都一样是原住民。我们所有人原本都是和神性智慧连结在一起的原住民，没有任何例外。

"'倘若一个人深深执着于自己是否为这块土地的原住民，就表示这个人过去曾经对这片土地做过某些破坏或伤害，虽然当事人并未察觉这一点。这个人从那时候的影体纽来到这辈子，这次要借着身为这块土地的原住民，再一次疗愈对方以及被对方疗愈。'

"这种表达方式在某种意义上实在太具冲击性，因此当时大家一句话都说不出来。不过，只要清理自己对于原住民身份的想法，就会渐渐看到自己跟这块土地真正的连结。你会完全超越是否生于这块土地，会发觉自己要在这块土地上找回自己，这样一来，土地就会主动让我们看到它和我们之间的丰裕连结。"

雷斯塔接着说：

"我们从祖父母那代开始定居在夏威夷，夏威夷本身也充满着各种不同的历史、习俗、文化、仪式与习惯。虽然这并没有什么不好，但我从小也在不知不觉中受到这份束缚。

尽管我们出生在夏威夷，但却是日裔，可是邻居却是夏威夷人。我想以前心里应该一直不断涌现关于人种的战争。

"所以当莫娜说这些话以后，我终于第一次从夏威夷土地和自己的记忆中解脱，并得以与这块土地连结在一起。让我开始能够祝福在这里出生，并在此生活至今的自己。"

雷斯塔又问了我一次："你也想当夏威夷人吗？"

我再一次迅速回答："当然想！"

大家都笑了，但我却在心里认真祈祷。我想当个夏威夷人，我想当莫娜所说的那种真正的夏威夷人，我想当个找回自由、展现出自由的人。

我总是常常忘记清理。但一直以来，每当我想要找回自己时，就会用我知道的清理工具简单清理。到目前为止，我都是为了要变幸福，为了得到什么，才去实践这个方法。但是，今后将有所不同，我克制自己得意忘形的心情，确实接收到一股强而有力的讯息："我要从走的路、遇到的人等每件事物中找回自由。"雷斯塔和琴送给我的这句话，对于将继续进行的这趟荷欧波诺波诺之旅，是最棒的饯别礼物。

最后，琴说："莫娜有办法分辨落在夏威夷的每滴雨。她告诉我们，每滴雨有完全不同的震动。夏威夷的雨叫ua，有大的ua，也有小的ua，有的ua会激烈地打在地面上，有的ua是温柔地触碰新芽。当你摆脱了记忆的束缚之后，就能把每个存在看得很清楚。学校教我们很多事，这点当然要心怀感谢。但你是个敞开的存在，宇宙展现出的一切事物，都写在你的蓝图上，没有任何遗漏。要是你准备好的话，就能在这趟旅程中发现自己该做什么事情，而这真的是件很幸福的事。"

在我跟琴和雷斯塔相处的这段时间当中，我一次也不曾有过"我是荷欧波诺波诺的初学者，我不可以说多余或奇怪的话"这种把自己看得很渺小的感觉。这证明他们在每个瞬间都不断清理自己，我也才明白，原来跟同样选择清理的人拥有一段共同的时光，竟会满溢如此自由、富足的感觉，我对此深深感动。尽管这段采访时间很长，身体里却留有一种清爽的感觉。由于接下来已经约好了别的行程，于是我和千穗差不多也要准备离去了。这时琴以一副理所当然的样子，用有可爱夏威夷图案的餐巾纸，将剩下的巨大杯子蛋糕包起来给我们带走,仿佛她平常也都是这么做的。

　　走出室外,天气是令人舒服的晴天,天空一片乌云都没有。这么一来,我就必须把分辨ua的事留到下次了,但总觉得,路上的草坪、水泥和空气,都各自为我带来了找回自由的机会。

第五章
与内在小孩一同焕然一新

　　琴和雷斯塔用爽朗的笑容送我们离开,我们接着前往当天的最后一个地点凯鲁瓦。关于这次采访的一切事务,全都是由修·蓝博士和KR清理而决定的,采访顺序和采访时间也都由他们安排,我自然不明白其中有什么样的意义。不过,每次当我们要出发前往下一个目的地的时候,受访者都一定会看看我们的行程表,确认某些事情。居住在夏威夷的千穗对路很熟,因此他们绝对不是怕我们不知道怎么去。这次琴和雷斯塔也一样看了我们接下来要去的地方,在心中确认了什么,才送我们离开。

　　他们并没有给我们什么建议,对我们说"你要做什么""你最好这样做""他们最近比较会这样"等。他们彼此都是认识很久的老朋友,但却没有人讲出这样的话。不过,我也隐约感觉出来，当他们在某一天得知我会在这天来见他们、访问他们的时候，所有与此相关的人就开始不断清理，为这一天做准备。

不管是接受杂志采访，还是在演讲即将开始前，或是要在日本、台湾或韩国碰面吃饭的时候，无论在任何时候，一旦决定好一件事情，修·蓝博士就会对我说："你要清理你知道的所有事情。"因为我根本看不见记忆是什么样子，具有什么形式，所以我总是不知道该如何是好。于是，我就看着要见的那些人的名字和见面地点，一边在心里重复默念："谢谢你、对不起、请原谅、我爱你。"

但是，在结束了今天的第三场访问，他们送我们离开的模样，让我发觉事先清理对他们来说，其实是日常生活中理所当然的事情。他们拿着电脑打印的行程表（上面写着时间、受访者、住址、我和千穗的信息），就只是看着。马拉玛看着纳卡萨特夫妇的部分，露出柔和的表情；琴和雷斯塔似乎已经很久没见到住在凯鲁瓦的文氏夫妇，他们露出了怀念的表情。他们各自想起自己的熟人，接着就只是清理心中产生的心情与回忆，他们给我这种感觉。就像你想到很久不见的老朋友，或是接下来朋友刚好要去见你深爱的家人时，心里会出现一种温柔的感觉一样。

我想起博士有一次说过这样的话：

"越是去清理我对某个人的想法、体验或连结，就越能留下真正的爱。这种爱不是我知道的那种爱，是能量，它可以让一切回归完美的流动，而且尽可能推动应该发生的事情。因此，我们要通过体验到的事去清理记忆，并找回自己。"

到现在为止我所访问的那些人，以及从一开始就通过清理来支持这项计划的修·蓝博士和KR，全都将这次受访者与受访地点所体验到的，当作自己的体验来清理。他们不断清理自己，藉此让超乎我们理解的完美流动得以产生。

我也仔细清理了今天发生的所有事情，开心的事、感动的事、流泪的事，我回想起存在于内在的苦涩记忆，在我身旁开着车、与我一同进行这趟旅程的千穗是多么可靠，以及我已经开始思念至今见到的大家，这些心情我全都一并清理。结果很不可思议，我感觉自己好像又从零开始了，回到能够专注于接下来该做的事的自己。不管心里再怎么开心，随着傍晚接近，身体也开始感到疲惫，但当我这么做之后，疲惫的身体都变得焕然一新了。

开朗的葆拉与乔纳森

接下来我们要前往的是瓦胡岛东南岸的凯鲁瓦，这是一个热门的观光景点，街道上林立着美丽的独栋房屋。我为了要看美丽的白沙滩而去过好几次。随着车子不断北上，空气变得跟不久前我们待的卡拉玛溪谷那种仿佛停止流动的干燥空气完全不同，渐渐可以感受到海风了。

至今我和文氏夫妇已经见过无数次。他们很阳光、开朗，每次跟我见面时都会说："爱绫跟我们那几个儿子年纪差不多耶。养女儿不知道会是什么感觉？""应该会香香的喔……"接着就会哇哈哈笑了起来。有一次文氏的丈夫一边弹着尤克丽丽，一边唱着一首当时流行的歌，身边聚集了很多小孩。这对夫妻实在很棒，总是带给大家明朗的气氛。

车子进入我向往的住宅区，他们就住在这里。从车里就能看到这边每一户都养着狗，而且里面都有面向河川的宽广庭院。我们到了他们家门前，丈夫乔纳森正把果汁还是什么从卡车搬进屋子。

"啊，你们来了啊！快点进来！我们在院子里等你们！"他大声说，接着就把大门打开，又回去忙他手上的事。我们两人下了车，走进他们家。看到妻子葆拉正在厨房准备各式各样的东西。"哎呀，欢迎欢迎！你们见到乔纳森了吧？我明明叫他在外面等的，真是的！他又跑到院子里。他那么急性子，让人很头痛对吧？你们的动作真的很快！来来来，喝杯饮料等一下喔！我马上就准备好了！"

我想告诉葆拉其实乔纳森在外面等我们了，但已经来不及了。葆拉很快把装着玻璃杯的托盘端到院子里，同时对乔纳森说了些什么。虽然动作慌慌张张、急急忙忙的，却让我觉得有种很怀念的感觉，于是立刻放松了下来。我好歹是从别的国家来的外人，但乔纳森却直接把大门开着，让人感受到他对我们的信任，而我和千穗也很快做好各自的准备。

河川旁的院子里有长凳和桌子，还准备了蓝色太阳水。手表上的时间刚过下午四点，气温也不会太高，都在刚刚好的状态。葆拉和乔纳森坐着，他们不知为何相当高兴，让我心情也开始雀跃了起来。乔纳森说：

"来来来，我们开始吧，快开始吧！快点结束采访，我们在太阳下山前去坐木筏！"

葆拉立刻指责乔纳森："喂！我都跟你说这是秘密了！"

虽说如此，却可以清楚看到他们背后有一艘木筏，看起来已经准备万全，随时可以出发的样子。

我怀着满满的感谢，按下了录音键。乔纳森一边确认他说话的声音，一边开口说：

"我喜欢的节目是《决战时装伸展台》（美国以时尚为主题的真人秀节目）。"

葆拉不理会乔纳森，接着说："虽然他都在开玩笑，但其实我们为了今天的事情一直在清理。你们两个能过来，我们真的很开心。在你们面前吵吵闹闹的真是对不起，看来是我们清理得还不够。"

说完，他们两人又大笑。我好喜欢他们给人的感觉。葆拉继续说：

"我遇见荷欧波诺波诺是在我结了婚、生小孩以后的事。那年是1979年。当时我跟修·蓝博士在同一家医院工作，患有精神疾病的罪犯都被隔离在那一栋楼里。在修·蓝博士过来之前,那里一直不停出现问题,工作人员一个接一个辞职,医院里每天不停传来叫喊声和咆哮声。就在这时,他到了这家医院。他给人的印象很沉稳,而且不会对事物有执着。这家医院分配的都是一些比较年轻、有力气的工作人员,但他年纪却比较大,也没有采取任何特别的措施。尽管他一次也没有与患者进行一对一看诊,但他每天都会走过收容病患的牢笼,不过从来都没有停下脚步和他们说话。

"然后就发生了那件让他后来被人称为奇迹治疗师的事情。就在博士任职了几个月以后,病患慢慢开始出院。当时我还年轻,还兴味盎然地去问他做了什么,他回答我:

"'只要察觉到问题的原因在哪里,一切就会回到原本正确的形态。'

"我完全听不懂他的意思。因为他们是货真价实的罪犯,而且还被诊断出精神疾病,才收容在这里的。他们的表情总是充满愤怒,让人觉得很可怕,怎么看都是坏人。问题在于他们本身,这明明是一目了然的事情。

"但我实在很在意博士讲的这句话。就在这时,病患几乎全都出院了。于是我再次问了博士:'问题的原因在哪

里?'接着,他把手掌贴在自己的胸口说:

"'问题在自己的内在。真相不会隐藏在超过自己半径5厘米的地方。'"

葆拉所讲的,是修·蓝博士的真实事迹,也让荷欧波诺波诺回归自性法一口气跃上了国际。"奇迹治疗师"这个标题,瞬间在网络上传开。葆拉就是在这个现场与博士相遇的。

万物皆有自我意识

乔纳森也开口说:

"我几乎也是在同一段时期遇到莫娜。我参加了夏威夷大学主办的莫娜最后一场演讲。我对她的第一印象是,很奇特!"他说着说着就笑了。

"可是啊,那天莫娜讲的话,唯独一句话让我很在意。

"'不断批评别人,等于是在你神圣的行为上,不断倒上记忆的泥巴。'

"我们在当时住的家,跟邻居发生了纠纷,这件事让我们极为苦恼。双方已经谈过很多次,也即将在法院开庭了。因为我怎么想都觉得问题是在对方身上,所以根本就没有想过要搬走。就在这时,莫娜说了这句话。批评别人,就像是在自己的行为上倒上泥土。在这场演讲中,我的脑子里有各种东西不断扰动,搅在一起。

"然后,莫娜还说:'尤尼希皮里是我们内在的另一个自己,而且是一个小孩。请你问问自己的尤尼希皮里:你希望自己是正确的呢?还是希望自己是快乐的?对内在小孩来说,布满记忆的你所认为的正确,只不过是一个重担罢了。就在你为了追求正确,花费时间与精力的时候,尤尼希皮里的身上又会布满记忆的垃圾,一直在回放的记忆中受苦。'

"当然,我那时还半信半疑,也完全不懂她在讲什么。但是,就在我眼前,莫娜缓缓说着这些话的时候,我听到内在发出了叫声:'我想要赶快把这种布满刺的痛苦丢个精光!'我可以从内在清楚感觉到,如果痛苦是来自我所追求的正确,那么,找回我和家人的笑容绝对比这点重要。"

葆拉说:"然后他回家后就说:'我们把这所房子卖了吧!'我吓了一跳。因为在法院工作的他,一直到几天前都还在努力准备跟邻居打官司。但是,就在他毫不犹豫说要把房子卖掉的时候,我想起了对于全家能够生活在一起的事,心里产生感谢之情和兴奋雀跃的感觉,这种感觉我已经好久没有过了。"

乔纳森接着说:

"隔天我们就开始着手准备卖房子。当时我们还没找到下一间房,所以身边的人都很担心我们。可是那个邻居给我们的帮助却比任何人都还要多,他告诉我们哪里有卖家具的市场,也告诉我们哪家公司搬家比较便宜。说起来也是啦,毕竟我们意见那么多,要走了他心里很高兴吧。"

说到这,乔纳森和葆拉笑个不停,仿佛这是个令人开心的回忆。

葆拉说:"那时我们把家里的客厅,给在医院认识的修·蓝博士和莫娜使用,他们集合了几个人过来,这样一点一点起步,就像是我们现在课程的原型一样。当我跟莫娜说我们要把这所房子卖掉,还没找到下一所房子的时候,莫娜就跟我说关于房子的自我意识。

"'这所房子也有自我意识,就跟你一样。你要先好好清理这里发生过的争执与噪音。只要没去清理留下的记忆,这所房子就会觉得它跟你们之间仍然共同拥有某些事物,因此

就离不开你们，你们也没办法遇到对的新家。等清理后，就会找到新家了。'

"当天晚上我马上从新婚生活的愉快回忆，到第一次养育小孩辛苦到快哭的回忆，以及当我们与邻居发生纠纷时，让这所房子看到一些粗暴体验，对此一一道歉、道谢。我不太擅长整理东西，但那时我跟房子说了话，使用跟莫娜学来的清理技巧，自然而然开始打扫了起来。感觉我的身体主动去整理衣服，整理一直以来都放在那里、打算以后再整理的书。我渐渐觉得很开心，于是也开始用一样的方法去清理了我的车子。

"就在这时，有一天当我开着这辆车载小孩从超市回家的路上，那条路我熟到连闭着眼睛都会开，但我却突然把方向盘转到完全不同的方向去。我开到一个住宅区，渐渐有种舒畅的感觉，而且那边也看得到河，小孩也觉得开心。然后，我就在一个适当的地方停下车，敲了一座陌生房子的门。我问出来开门的女性说：'请问这附近有没有空的房子呢？'

"结果这位女性一脸惊讶地说：'其实我们正打算要卖这

所房子,现在正要打电话给不动产公司.'

"我们两人都觉得很不可思议,交换了彼此的联络方式后,我就回家了。那所房子就是现在我们住的这座!"

实践荷欧波诺波诺之后,有时候会出现这种不可思议、超乎我们理解的流动,这感觉凭我们的意志是无法推动的。虽然这种事是不经意发生的,但当它发生的时候,我们却会知道这对我们来说就是最好的,并毫不犹豫接受这个超棒的礼物。

有一只黑白相间的狗,刚才就一直在院子里跑来跑去,它跑到乔纳森的身边。

"它叫波诺,是这座房子的看门狗。它很喜欢搭木筏,已经差不多要按捺不住了。"

波诺发出哀求的叫声,不断转来转去。葆拉温柔地摸摸波诺,接着说。

"其实在那之前我们也找了很多房子。但是莫娜告诉我们,当我们深深陷入知识与思考无法自拔时,基本上是完全办不到任何事情的。其实这是一个警讯,这警讯想要告诉我们:'停!你现在什么都做不到。现在应该要清理,先回到自己。'记忆是很阴险狡诈的，它会把我们的思考当成是自己的东西，不断占领我们，用一副理所当然的态度来决定各种事情。但是，要是你看到警讯，就必须停下脚步，先找回真正的自己才行。唯有放手，唯有去清理。"

波诺仍继续发出哀求的叫声，乔纳森将自己的脸贴近波诺，又说了一次。

"我们差不多要去坐木筏了吧？"

葆拉对他说："再讲一件事就好。"接着又继续说。

内在小孩的声音

"我在夏威夷州的儿童医疗机构工作，跟之前的主管很不合。可是当我开始实践荷欧波诺波诺以后，就觉得内在有一些记忆需要放下。话虽这么说，但那些焦躁和压力我还是不太能放下。

"不过，比起常常在家里打瞌睡的乔纳森，我跟上司碰面的机会比较多，所以我就心想，他这样是在给我清理的机会，并且得持续。就这样花了3年的时间。只要我觉得思绪被他打乱的时候，就会立刻练习回到自己的内在。多亏了他，我变得很会跟尤尼希皮里讲话。过了3年以后，在我都快要忘记我曾经觉得主管让我很烦躁的时候，突然发布了人事变动。我当时心里并没有觉得'太好了！'，想的只是'喔，原来是出现在这样的时间点'。不过，他在最后一天到我的座位上，对我说：'我一直都很感谢你。你的工作表现很专业。'我觉得非常高兴。虽然我们现在在不同部门，但当工作上发生了什么问题，彼此都会找对方商量。"

我想到了自己的情况。在我开始实践荷欧波诺波诺后的这几年，我并非一年到头都保持在毫无压力的平静状态，所有地方都不断出现出乎意料的麻烦状况。在这种时候，我终究会忍不住想："我是不是没有清理呢？清理真的有效吗？"葆拉仿佛听见了我的心声，接着说。

"明明我都清理了这么久，却还是一直很痛苦，在人际关系上还是会遇到挫折。我们有时候的确会有这种想法，对吧？只要团体里有一个自己不喜欢的人，就无法集中注意力，也没办法好好享受其中，甚至连清理都做不到。

"一般会把这种人称为神经质。周遭的人在你眼中看起来都很神经大条，于是你就没办法停止思考。这时就算有人对你说'肚量大一点''放轻松',你也听不进去。但是,这并不是神经质,是因为存在着记忆,所以你的尤尼希皮里拼命对你叫着:'快点放下记忆,让我自由!'

"如果你很在意旁人的意见,勉强试着让自己放松,或是让自己变成一个滥好人的话,尤尼希皮里就会认为你对他弃之不顾,于是回放的记忆就永远都不会停止。"

我忍不住说出心里的想法。

"但实际上,有些人总是很幸福,怎么看都比我还要轻松。我一直都觉得自己是属于比较神经质的人。"

"其实大家都只是不断回放不同的记忆罢了。而且,因为大家都不知道要怎么放下,所以只是尽其所能去做而已。但这样很难受,对吧?你可能还会想:'我身边尽是这种迟钝的人,好难受,感觉不到自己真正的归所。'可是,荷欧波诺波诺不就是在教我们如何把真正的原因放下吗?其实尤尼希皮里体验到的难受,比你还要多,而我们现在有办法对这样的尤尼希皮里说:'谢谢你让我察觉到这点。我们来清理,让自己变轻松吧。'不是吗?

"如此,来自尤尼希皮里的清理讯息,便会传达到神性智慧那边,神性智慧便会为你降下温柔的甘霖,抚慰干枯的灵魂,于是就能找到完美世界的其中一部分。在神性智慧的眼中不存在恶,有的只有内在的恶。如果你现在是用记忆的眼睛来看事情,那么只要回归于神性智慧,亦即爱的眼睛就好。

"有许多人和地方都很想跟摆脱记忆后的你相遇。好啦,你们准备好了以后,我们就去坐木筏吧。男生真的都很急性子耶。"

内在的家

我才发觉,那些觉得没什么大不了的焦躁情绪,以及自己不喜欢的急躁部分,其实一直都是自己刻意不去看而已。而葆拉仿佛看出了这点,所以才说出那些话,这让我感到非常惊讶。他们这对夫妇总是很阳光,就像太阳,与这座出色的房子十分般配。这不禁让我心想,镇上的人肯定都是他们的朋友。不过,葆拉和乔纳森已经让我明白,他们不只有阳光的一面,不论是在公司、家里还是路上,总会有些负面的东西在心里萌芽。

他们并非总是怀抱着好心情,也不是百分之百正向的人。然而,他们这番真诚的话让我发现,只要学习荷欧波诺波诺并清理内在的恶,就能再次找回平静。

乔纳森很快从家里扛了冰桶和篮子到木筏上,而看门狗波诺已经坐上了木筏。就在这时,马拉玛出现了,她说:"太好了,我赶上了!"她跟葆拉互相拥抱。

乔纳森、葆拉、马拉玛、千穗,再加上我和波诺,一共五个人和一只狗,坐在这艘小型的木筏上刚刚好。虽然说是木筏,不过船尾却装了马达。将套在院子木桩的绳索解开后,我们就出发了。

在乔纳森的操控下,我们在这条两侧都是住宅区的河川上,朝海的方向缓缓前行。这时狗狗波诺像是导游一样,为了检查我们是否安全,在木筏上到处跑来跑去。葆拉斟了事先准备好的水果鸡尾酒,递给我和千穗。我们因为今天的采访结束而感到放心,不知不觉整个人都放松了下来,光着脚去碰水,和波诺一起玩。马拉玛和葆拉很久没见了,所以她们非常开心,互相报告彼此的近况。

从木筏上眺望每座独栋房屋,都有着宽广的庭院,院子里随意放着吊床、蹦床和儿童用的树屋，除此之外仍然有很大的空间，家犬就在这片空间到处跑来跑去。擅长妄想的我，开始幻想要是住在这里的话，我要把家人全都叫过来一起烤肉，饲养梦想中的大型犬，每天到海边冲浪！院子里就种我喜欢的果树。虽然我不喜欢早起，但要是住在这里，即使没有闹钟也一定起得来！这边屋子里的阳光都很充足，所以我要在家里的窗户旁放上suncatcher（一种水晶玻璃制的装饰品，可以让阳光产生折射，显现出彩虹光芒）。在看得到星星的夜晚，要在院子里搭帐篷，整晚寻找流星；但这样会有蚊子，所以我还得去买个防蚊蜡烛才行。

我的幻想一个接一个，我可以清楚想象在这里生活的样子，仿佛亲眼所见。"我还不习惯住那么大的房子，打扫起来真是辛苦！"我甚至还思考到这个份上，就在这时，葆拉宛如注意到我内心的想法，她又拿了鸡尾酒给我，同时对我说：

"莫娜总是说，'一切事物都跟你内在的运作息息相关，与你能带给尤尼希皮里多大的安全感，是否能跟他共享小小的喜悦息息相关。当你的内在小孩和你的关系找回平衡以

后，身为父亲的奥玛库阿就会带给这个家庭一个恰到好处的环境。'

"有时候我们会有一些梦想和憧憬，对吧？但是，就连这些事物也不会让你显得有所不足。打从出生开始，打从你诞生在宇宙的时候开始，你就已经是完美的了。当你不满意自己的生活，或是注目于其他事物的时候，可以想成这是尤尼希皮里给你的一封信。'你现在有这个记忆。只要清理了这个记忆，一定就能帮助你找到真正的自己。真正的幸福正等着你。'这是他从庞大的记忆库当中，为你捎来的讯息。"

自从我开始实践荷欧波诺波诺之后，开始会感谢现在的生活。这并不是说我没有任何不满，即使是现在，每当我看到某些刺激到内心的事物，还是会想象要是能拥有那些，会是什么感觉，或者心想为什么有人能拥有这样的东西，而我却没有。

在这种情况下，我往往会勉强自己去感谢现在拥有的东西，刻意让自己不去看那些向往的事物。但其实是来自尤尼希皮里的信。我的尤尼希皮里从许多信息中，选择了一些对现在的我们来说最适合的东西，接着再寄送给我。我要收下这封信，并在看了信后，对心中产生的感觉说"我爱你"，进行清理。

乔纳森有好一段时间都在专心开船，当他手上工作告一段落后，开口说：

"这条木筏是我们搬到这个家以后，我和我的尤尼希皮里第一次一起合作的成果。葆拉找到了这座很棒的房子，钱也想办法凑齐了，于是我们搬了过来。那时候我们的儿子还小，而且搬家真的很辛苦。要是以前，一搬家我就会马上发挥领导能力，拼命寻找适合的家具，还会到处拜访邻居，但是当我们来到这里之后，我开始想认真对自己说话。虽然我不知道是什么原因让我突然有这种想法，但当时就从心底觉得'谢谢你跟了我这么久，还让我成功搬了家'。当我有这个想法后，自然向内在问起：'老实说，要开始在这个家生活了，我的内心有点忐忑不安。希望你可以简单告诉我，有什么是我能做的。'

"就在这时，我想起第一次来看这间房子时看到的那条河，接着突然灵光一闪：'原来如此！他是叫我来做木筏！'在我太太的眼里看来，我很碍事，因为我这个丈夫都不怎么帮忙搬家，而且才刚搬来没多久，就开始做起木筏。但是，我的木筏很顺利地完成了。我们也没有因此而吵架，很不可思议。"

葆拉插了一句：

"你人不在的时候，事情做起来就简单多了。"

"对，那时候真的只要自然做下去，没有什么事物会来打扰我。但是，每当我心里出现一些想法、担忧或期待的时候，这些东西就会实际出现在眼前。其实这条木筏原本没有装马达，只是条普通的木筏。虽然我很想让儿子们坐，但当我做好以后，就想要自己先坐。我想让尤尼希皮里先坐，那感觉真是棒极了。从那时候开始，每当我觉得自己面临困境，或是需要让内心稳定下来的时候，就会一点一点地改良木筏，因为这就是尤尼希皮里和我之间最棒的交流时刻。我脑中曾想过干脆从头到尾都用塑料汽油桶来制作，但跟尤尼希皮里讨论后，他说他不要这样，他告诉我他想要在开始的基础上，一点点添加其他东西上去。

"开始,当莫娜要我跟尤尼希皮里讲话的时候,我心想:饶了我吧,一个大男人怎么能做这种奇怪的事情。但是,我发现我能借着木筏让内心累积各种想法,让我在人生中看到各种不同的事物。"

我再次仔细环顾四周,发现附近是高级住宅区。每户人家停在河堤的不是木筏,而是可以直接出海的游艇和巡航用的小船。尽管这艘木筏也非常出色,然而只要仔细一看,就能立刻看出那些修补的痕迹。但对我而言,再也没有什么交通工具能像这艘木筏这么值得信赖了。因为,这个交通工具是由一个每天不断清理的人,认真正视内心所完成的,是由一个在真正意义上认真生活的人制作的。这艘船跟这个人的灵魂紧密贴合,是既安全又值得信赖的交通工具。

我们穿过一座很低的桥,在太阳即将下山的时候,终于看到了大海。这里就是尽头了。我想,这条路线乔纳森应该走过无数次,有时候只有他一个人,有时候载着太太和儿子,有时则载着朋友。每次乘坐这条木筏时,看到这些美丽的风景以及最后映入眼底的这片广阔海洋,肯定怎么看都看不腻吧。这条木筏是条特别的木筏,是乔纳森和尤尼希皮里在活出自己的旅程中所遇见的最棒的交通工具。他们用这条木筏,划过每天体验到的各种问题与情感。

每个人都被赋予了各自的交通工具。我就乘坐荷欧波诺波诺这个交通工具,走过各式各样的道路。

再小的单人房都会是你的香格里拉

千穗送我到我住的出租公寓。由于明天还要搭早上第一班飞机去大岛,因此我们早早就道别了。毕竟花了一整天的时间绕了瓦胡岛半圈,身体有些疲惫。旅行真是不可思议,不管住的是怎样的旅舍,都会变成自己在这趟旅程中的家。如果我继续仔细清理,能发现这地方的神圣之处,那么,就算是再小的单人房,也会是我的香格里拉。

这是修·蓝博士教我的旅行秘诀。倘若能与房间的自我意识相遇,就能轻易找到容身之处。我对派对这类会有许多人聚在一起的场合有点抗拒,博士从前曾经对我说:

"每当你到了一个地方,在寻找好朋友之前,首先要跟那地方打招呼。你要问问地方:'我该坐在哪里?'你要在那里清理紧张和不安的情绪。这样一来，那里就会提供你一个容身之处。"

从此以后，当我参加朋友的生日派对，第一次拜访朋友的新家，因会议所需而拜访大公司，去医院或未婚夫的老家时，无论出现什么样的情绪，都会在心里对这个地方做自我介绍，开始清理。当我这么做之后，就会越来越自然地坐到空着的椅子上，跟我在那边遇到的人自然对话。我每天都深刻感受到：一个地方拥有了不起的力量。

我进了房间后先稍微休息一下，接着再看电子邮箱，发现修·蓝博士发了邮件过来。

唐吉诃德在他快死的时候才发现，其实自己不应该去救别人，而是应该进行一趟救济自己灵魂的旅程。在我遇到荷欧波诺波诺之前，我就是教育界的唐吉诃德。之后，我借着荷欧波诺波诺发现，因为病患而体验到的痛苦、矛盾与不合逻辑的事物，其实全都出现于内在。若是如此，那么我首先必须要拯救的，就是一而再、再而三反复回放着痛苦记忆的另一个我——尤尼希皮里。

你也跟我一样,一直都被赋予选择的自由。是要继续活在从前唐吉诃德在这世界上所看到的那些疯狂之中,还是要清理自己模糊的眼睛,在这世上体验神性智慧为生命带来的甜美。

当我脱离教授的身份,开始跟随莫娜以后,就一直过着宛如在沙发上睡觉般的生活。我的身体有一半在怀疑,另外一半则充满了活着的喜悦。

就在这时候,有天莫娜受邀到瓦胡岛举办一个大型颁奖典礼,于是我们两人一同前往。典礼是要称颂夏威夷的文化人士。正当我要坐到场地最旁边的位子时,莫娜却说'我得找到我的位子才行',接着她稍微静了一下心,之后找到椅子并坐下。那位子就在场地的正中央,我不得已只好坐到她旁边,我看了看周遭,发现大家看到莫娜以后,都移到别的地方去了。我刚开始心想,人们实在很尊敬莫娜,甚至都不敢坐在她旁边。但是我误会了,其实当时莫娜正被那些重视夏威夷古老传统的人们所忌。那时耳里听到的,都是相当无情的批评与流言。为了让内心不动摇,我也开始清理,借此将自己整顿好,但我身旁的莫娜却一动也不动。我想她大概是在静心，于是看了她的脸，结果发现她正舒服地打着瞌睡。她就是这样一位女性，我从心底敬爱、尊敬这样的莫娜。

晚安。请你爱着展现出自己真正样貌后所看到的世界。

平静从我开始　伊贺列卡拉

第六章
通往自己的旅程

我在非常舒服的状态下醒来。昨天的采访就像雨过天晴的彩虹,照耀着我的内心,尽管如此,却没有任何事物能够将我束缚在原地。与其说是沉浸在对他们的眷恋和回忆中,不如说是准确把焦点对到了我在这趟旅程中所做的事情。现在即将要离开瓦胡岛,前往另一个地点了,为此而适度绷紧神经的我,总有种很可靠的感觉。我清楚感受到身心一起醒来,仿佛从长时间的时差中清醒过来一样,全身环绕着一股清爽的感觉。"时间和土地也拥有自我意识",荷欧波诺波诺的这句话,我现在正由身体感受着。

在大岛(夏威夷岛)的采访,也要请千穗摄影,所以我和她一起搭出租车前往檀香山机场国内线的候机楼。虽然是早上第一班班机,但一大早机场就已经有许多人。有的家庭看起来是要去找亲戚，也有转机的旅客以及冲浪人士，大家都在等待闸门开启。

出发前我用手机收了电子邮件，发现修·蓝博士又发邮件来了。我很少这么频繁地和博士通信，因此这情况让我感到有些惊讶。平常工作上的信件往来，博士都只会回一句"清理"。不过，博士一定比谁都清楚，我在这次旅途中怀抱的各种期待与念头，肯定比自己想的还要多。

博士并没有为此而告诫我，我感觉自己借着与博士通信的对话，帮助自己回归自己。

当我开始在夏威夷的精神科住院病房工作的时候，莫娜曾经对我说：

"你没办法创造出灵感。只要你选择了清理，神性智慧就能使用生命力，通过你而让灵感开始流动。你只要待在这运作中就好，只要活在此时看到的事物中就好。首先你会获得自由，摆脱记忆的束缚。一切将会在这之后开始流动。"

我们虽然被赋予了选择的自由，却没办法控制别的东西。了解到这一点，就是带领自己活出自由的关键。

当你和别人说话的时候，可以仔细观察自己是否真正在听对方说话。绝大多数的情况，你都只是通过对方看着自己的内在记忆。其实在对方话讲完以前，你的记忆就已经准备好一个结论了。

彼此沟通、互相了解是件很神圣的事，若没有清理内在关于对方的记忆，便没办法办到。

你现在进行的这趟旅程，是通往自己的旅程。即使身边的家人有着形形色色的问题，即使在你看来这社会充满了非拯救不可的人，即使心里有着许多伦理道德的价值观，你现在就是身处通往"我"的这条道路上。

为自己带来自由，并不要你做很大的活动，就只是每一天都活出自己。若心里想到这句话，也一样要去清理，不管你身在何处，始终都要活出自己。当你这么做了以后，自由便会主动来找你。然后，你会发现其实这份平静原本就存在于内在。

怀伊雷娜的灵感花园

博士这番话仿佛就是在告诉我，今天即将展开大岛之旅的真正目的。当我在"为了谁""为了什么目的"这种心态下所获得的所有体验归零时,内在究竟会产生怎样的灵感呢?

终于到了上飞机的时间。从瓦胡岛到大岛,坐飞机要一个小时左右。夏威夷诸岛有八个较大的岛,大岛是其中最年轻、最大的岛。这次我们要拜访的是位名叫怀伊雷娜的女士以及KR。KR平常住在瓦胡岛,不过她在2012年成为大岛上一座广大牧场的主人,大概两个月会来此住一下。

我们降落在科纳机场,怀伊雷娜小姐开着全白的车子来接我们。已经有几年没见的怀伊雷娜,用笑容迎接我们。她个子很高,有双蓝澄澄的眼睛,仿佛直接映照出透明的大海。出机场不远,就开始不断延伸着一条黑漆漆的熔岩道路,我们在这条路上快速直直往北走,前往怀伊雷娜位于威美亚的家。

千穗曾经在大岛住过,在车上时她告诉我,广大的夏威夷岛以毛纳基山为界,东边与西边的气候有着戏剧性的差异。尽管这里仅是一座岛屿,但岛内却囊括了世界五大气候的四种。除此之外,气候与生态系统也随着高度而产生变化，因此这边有种类丰富的气候和生态。跟我们刚刚待的瓦胡岛相比，这边的道路看不到尽头，山也都很大，虽然一样都是在夏威夷，但我已经渐渐感受到，我们确实已经来到另一个不同的岛上了。现在要前往的威美亚，在过了牧场地区以后山开始变多。该地区全年都很容易起雾，人们将这里的雾称为威美亚雾。

怀伊雷娜在许多地方停下车，向我们介绍她喜欢的景点。有生长在牧场旁边的仙人掌，还有洞窟的入口，要是不慢点走，绝对不会发现。我在这些地方下车，在心里向怀伊雷娜为我们介绍的景点打招呼，当我这么做之后，心里渐渐有种现在与夏威夷岛相遇了的感觉。我感觉大地正透过它身上绽放的野花，认识我这个存在。我们现在并不是"因为准备了机票，因此前来观光"这样单方面的接触，我们是在这块土地上做客，虽然我不明白真正的原因是什么，但现在彼此相遇了。这股适时的可贵的新鲜感，从身体里涌现出来。千穗曾经在这座岛上住了很久，现在再次来到这里，显得很高兴。她并未开心地喧闹，而是沉着地一步步缓缓走着。怀伊雷娜也回到她的节奏当中，似乎在看着我们，这很符合她的风格。

我很清楚，我们正各自以完全不同的方法与方向，与夏威夷岛接触，这真的很有趣。同样的，所有住在这片土地上的人们，因工作或旅行的关系而造访这块土地的人，每个人与土地之间，都拥有千差万别的影体纽，而荷欧波诺波诺能够切断这份影体纽。修·蓝博士曾经告诉我，切断与抛弃是不一样的，切断的意思是放下不需要的东西，与对方一同活在真正的连结当中。

我们渐渐从牧场地区来到山路上，两旁是非常广阔的山林，一打开窗户，就会被浓浓的生命气味所包覆。

"马上就到了。"怀伊雷娜说。

"我到现在还是会想起那天的事。那天我开着车，遇见了现在的房子。我竟然会在某一天就这样遇见一个原本跟我没有任何交集的地方，而且还这么自然地在那里生活。土地跟我们的关系，绝对不是光靠自己的力量就能够创造出来的。"

那时我已经在台湾的SITH荷欧波诺波诺办公室工作一年，来年还计划要跟台湾的男朋友结婚。每当我跟别人说明的时候，都会说因为工作的关系来到台湾，在那里有了喜欢的人，然后要和对方结婚了。虽然这件事听起来很简单，不过当我听了怀伊雷娜的这番话，对于出现在身上的这份流动，更加感到不可思议。既然流动已经产生了，也唯有使用荷欧波诺波诺，继续在这股流动中游下去——当时我心里有这种感觉。当然这是件非常幸福的事情，不过我经常能感觉到，事情发展得未免太过自然、快速，绝对不是我的知识与行动所能创造出来的。其实，我、他、各自的家人、土地，以及各种各样的事物，都在意识底下进行着各种各样的运作。

我们进入了一条小路，接着又来到更小的路，终于来到私人土地上。通往她们家的路越来越窄，从远处看，长长的杂草像是不希望让我们看到前方一样。但是当车子进入这个区域后，道路就不断向我们敞开，仿佛是在对我们说"你们终于来了"。

铁门映入了眼帘。我走出车外，正要用怀伊雷娜给我的钥匙开门，我发现旁边站着一只小山羊，它有一边的耳朵少了一半，发出咩咩的叫声。怀伊雷娜从窗户伸出手，挥手对山羊说："我回来了。"回到车上时她告诉我："那个孩子很可怜，它刚来这里时，耳朵被我养的狗咬掉了。现在那些狗还是想欺负它，但我会阻止，不过它最近也开始变得比较坚强了。"

"真是充满野性啊！"我心里一边这么想，同时也因为得知这片丛林中还有着其他人家，而感到安心。

附近散落着小型的田地，前方有所独栋房屋，以房子的建地而言，这座房子盖得比较小。怀伊雷娜把车停在屋子前面，笑容满面地说：

"欢迎你们来我家！"

尽管怀伊雷娜已经开了很远的路，但她很快带我们参观起庭院，仿佛在说"我到这里就重生了"。这座庭院几乎已经像丛林的一部分，但是过一阵子便能渐渐看出当中原始的秩序。重瓣扶桑花、野玫瑰和各种兰花，彼此在充足的空间绽放。蔬菜区里有茄子、小黄瓜、西红柿，除此之外，还有马上要结果的叶菜，从土里探出头来。我问怀伊雷娜："这些你全都要拿来吃吗？"她回答："我现在正在试。因为还不是很清楚,哪种蔬菜跟这边的土壤比较契合。虽然这个西红柿一副希望我们赶快吃它的样子,但我之前吃了以后,发现它完全没有味道,只能用来做蕃茄酱。"

这时,森林深处有两只小动物跑了过来,是一只小腊肠狗和一只中型的米克斯。正当我心想:"山羊的耳朵该不会就是它们咬的吧?"怀伊雷娜仿佛是在回答我:"这些孩子是这里的老大。"

正如千穗所说,这边的确让人感觉相当潮湿,抬头只能隐隐约约看到一点蓝天。但不可思议的是,只要待在这庭院里,就觉得阳光很强。花朵颜色纤细却又鲜艳,因为雾的关系而显得有些模糊,看起来像是扩散在空气中,宛如童话故事里的世界。

"这是我的灵感花园。"怀伊雷娜呢喃道。

怀伊雷娜的家,是座很旧的木屋。一踏进屋子,就看到四周充满许多颜色,简直像精灵的住处一样。

"这些全部都是路上别人不要的东西,和以物易物得来的物品喔!"她充满自信地说。仔细一看,摆设的确不太一致,不过看得出来,不只是这间房子,就连每个家具,怀伊雷娜也都是一边清理，一边与它们一起生活着。屋子里的东西都很有朝气，与这座房子彻底融合在一起。阳光照进厨房里，旧玻璃窗歪歪斜斜地映照出外面的景色，果真就像童话故事一样。

从忧郁与愤怒中解脱

我们坐到饱满且柔软的沙发上，开始聆听怀伊雷娜说话：

"我是一个很不会读书的小孩，一直很不会看字和写字。所以要上中学的时候，我决定不再读高中了。我在伊利诺伊州打工，然后在那里谈了恋爱，并和对方结婚、生了小孩。当我身边的人在上大学的时候，我已经是两个小孩的妈妈了，那个时候我觉得很开心。但就在孩子要上小学的时候，我的丈夫突然离开了家。他说：'我再也没法过这种生活了。'丈夫的离开自然给了我很大的打击，不过他留下的这句'我没法过这种生活'，更是深深伤透了我的心。当我察觉到这一点时，已经陷入了忧郁当中。虽然我还是想办法继续维持生活：小孩放学后我把他们寄放在附近的母亲那儿，用这段时间去工作。但是我忧郁的程度与日俱增,医生建议我服用药物,而最后我只服用了安眠药。一天早上,当我在最小的孩子的哭声中醒来时,才发现竟然已经快到中午了。我工作迟到,而且最重要的是,我才发现小孩从早上到现在一直没有吃任何食物,于是我陷入了恐慌。我从心底感到恐惧,害怕要是再继续这样下去,我们可能会有人死掉。

"但我心想不管怎样,一定得活下去,于是继续工作。我明明没有多余的时间,却还是忽略与小孩互动,并用空出来的时间找离家出走的丈夫,这就是我当时所过的生活。结果,这次我更加频繁地陷入恐慌状态。只要小孩跌倒、东西打翻,或电视突然发出很大的声音,我就会出现恐慌症,医生诊断为'恐惧症'。而且,安眠药和我发作时吃的药,让我累积越来越多的疲劳。

"这时候,有个对自我疗法很有研究的朋友,建议我去看一个网站,是修·蓝博士的'这是谁的责任'?我看了后心头一惊,想我得立刻学习这个才行。那时我差不多要30岁了,上网查了以后,知道他们都在隔壁州举办课程,离我们家差不多五百公里左右,开车需要花将近六个小时,我觉得这个距离也不是完全没办法开车去。课程一共有两天,因为我自己也没有钱,所以决定到时候睡在车上,就这样去参加了课程。

"第一天的课程结束后,因为讲座安排得非常密集,所以我觉得很累。我在会场认识的一对夫妻要在汽车旅馆过夜,我便去请旅馆让我把车子停在那儿的停车场。我原本打算晚餐用家里带来的饼干来解决,但就在我走向车子的时候,决定马上试试对刚在讲座上得知的尤尼希皮里说说话。

"'哈啰。你好吗?我可以跟你说说话吗?'

"我大致上对他说了这样的话。结果,从内在传来一个非常小声的响应。'我想吃鲔鱼三明治。'

"这件事听起来像是胡说八道吧?但是,当你第一次跟自己的内在小孩讲话时,如果传来了一丝微弱的声音,你会怎么想?我深深地感动。我的尤尼希皮里当下想跟我说的话、想做的事,就仅仅只是吃鲔鱼三明治而已,我一想到这点,就莫名有种情感油然而生。我去了附近的餐厅,打开菜单后,发现上面还真的有鲔鱼三明治。虽然我也担心钱的问题，但毕竟可以免费使用汽车旅馆的停车场，于是便点了餐。

"由于我从来没有一个人在外面吃过东西，所以一直到点餐为止，心里都因为罪恶感和忐忑不安的心情而七上八下，不过当我点完餐后，却转变为雀跃不已的感觉。小时候光是一直和朋友坐在外面，就觉得非常享受，我好久没有想起这种感觉了。这顿晚餐并不是一个人的孤单晚餐。虽然我并没有忘记我的小孩，但是，把小孩留在老家而产生的罪恶感，并未让我不断惦记着他们，产生依依不舍的感觉。我的心非常稳固，身为他们的母亲，在带给他们关爱的同时，我也信赖他们。我感到自己十分坚强，甚至以这样的自己为荣。接着，一份非常简单的鲔鱼三明治送到我面前，我大口咬下后，有种说不出来的感觉，就好像被温暖守护着一样。这时，我清楚感觉到内在的小孩。我心想'啊！这份安全感是我唯一能带给内在小孩的东西'，从心底对自己的能力感到惊讶。同时，也明白至今有多么忽视这感觉，一直以来我都无视这小小的声音，又为自己带来了这么大的伤害。于是我的眼泪夺眶而出，对尤尼希皮里道歉。即使到现在，每当我想起那天晚上那份三明治的味道，就会感到自己是独一无二的存在，只有我才能让自己的人生变得富足。"

响应尤尼希皮里才能迈向真正的自己

听到这里，我想起从前刚开始学习荷欧波诺波诺的时候，难以解决的恋爱问题正让我感到痛苦不已，这时修·蓝博士曾在无意间对我说过一段话。当时我有个很喜欢的人，但在这段关系当中，感受不到安全感与信赖感。我不知道这时博士是否知晓这事，他突然对我说：

"你要试着给予自己那些渴望从对方那里得到、希望对方为你做，以及要是对方为你这么做会觉得很高兴的事情。不论你的外在发生怎样的问题，这一切都是尤尼希皮里让你看到的影像。你要先试着去回应你的尤尼希皮里。"

这件事看起来很简单，于是我就在这份无论怎么努力、始终都无法顺利的关系当中，强迫自己创造出与自己相处的时间。例如说，当我想打电话给对方的时候，就会跟尤尼希皮里说："你好吗？现在的状态如何？"还有，当我希望对方找我约会的时候，就会跟尤尼希皮里说："你要不要去吃点什么?"要是这时我心里产生想吃冰淇淋的想法,即便这么做很愚蠢、麻烦,我仍旧会付诸实行。就在持续了一段时间之后,光是跟自己在一起,就开始有种很满足的感觉。我的幸福感增加了,之前明明总是感到不安,但现在却经常觉得安心。而这时对方也改变了,他开始像我照顾尤尼希皮里那样照顾我,也会设法让我开心,就像我设法让尤尼希皮里开心那样。展现出自己真正的样貌,在这时对我来说,已经是件极为自然的事。虽然我们还是在这过程中分手了,但我却不感到寂寞,我们彼此都往下一个阶段迈进。如同博士所说:

"只要你和尤尼希皮里之间能够体验到平静,外在世界也会渐渐产生变化,像是往你的幸福聚过来一样。如果内在能找回爱,外在也会找到爱。"

怀伊雷娜终于借着吃鲔鱼三明治,响应了她长期忽视的尤尼希皮里。这一点都不荒谬愚蠢,是否能在瞬间付诸实践,只有这才是迈向真正的自己的唯一之路。怀伊雷娜的这番话让我很感动。

记忆有时会使教养盲目

"这就是我第一次跟尤尼希皮里两人的单独约会,我跟真正的自己相遇了。第二天课程结束后,我就回家了。在课程上学到的方法,虽然用思维很难理解,但做了以后便逐渐发现这方法很简单,而且也能发挥实际效果。

"由于我在课程中已经明白,荷欧波诺波诺的目的并不只是用来激励人,让人变得正向,因此在我回到现实生活之后,就不再因为巨大的情绪反差而感到痛苦。

"自从我被诊断出有抑郁症和恐惧症后,一直到30岁为止,已经试过各种各样的解决方法。虽然这些方法的确也都为内心带来了依靠,比如拼命参加读书会以激励自己,但我仍然还是得去面对现实的生活。老实说,虽然我很想将一个方法贯彻始终,但越是努力,世上的事物越会化为阻碍。所以我灰心丧气了无数次,也越来越厌恶灰心丧气的自己。可是,荷欧波诺波诺认为现实不在外面,而是内在回放的记忆所致,因此即使我感到痛苦,也都有办法活在当下,活在现实生活之中。虽然这没办法让我尝到一时的甜头,不过也渐渐让我发觉活在现实中反而轻松许多,而且这样的我,是个很可靠的存在。

"所以当我第一次上完课回到家里,再度面对小孩和工作时,我完全没有那种无法学以致用的痛苦,这方法反而是在真实生活中才能实践的。只有在此时此地,才有机会用荷欧波诺波诺的方式来生活。不管在哪里,和谁在一起,我都确实拥有清理的机会。在我身处的任何地点,我都有机会清理。

"我在工作和家庭中不断实践荷欧波诺波诺,在金钱和时间上有余裕的时候,就会去参加荷欧波诺波诺回归自性法的课程与讲座,因为我还是一不小心就会忘记,而且也想见见莫娜。第一次见到莫娜的时候,她对我说:'荷欧波诺波诺的重点在于实践,不在于研读。'我一开始也说过,我真的很不会读书,讲起话来也笨笨的,在学校不只同学疏远我,就连老师也不喜欢我。在那种小乡村,一个女孩子如果不怎么漂亮,又不会读书,也不会运动的话,连父母也会在大家面前奚落你。所以我一直避免去参加读书会,做任何需要用到头脑的事情,因为我深信这些事会让我在众人面前出糗。但当我遇到莫娜以后,就摆脱了知识的束缚,更重要的是，我对于活在此时此刻的自己，对于一边清理一边建构出的生活，莫名产生了一股自信。

"有一次我带我那几个小孩去参加课程。大的两个小孩已经有办法乖乖坐在椅子上，不过最小的非常调皮，一直在会场里跑来跑去。我当时很焦虑，试着把他带到外面，也硬逼他坐在椅子上。我很在意周围的眼光，于是逼儿子拿图画书自己看。结果，莫娜突然走近我们，对儿子说：'那里真的有龙耶。'

"她注视着儿子刚刚跑来跑去的地方。'谢谢你告诉我。多亏了你，我总算清理好了。'她一脸认真地说，接着又继续回去上课。我本来以为这是莫娜为配合小孩而说的玩笑，但不可思议的是，之后儿子便一直在座位上听课、画画，变得很安静。我问他：'会场里真的有龙吗？'他回我：'刚刚还有，现在没有了。'虽然我不是很明白是怎么回事，但我想莫娜用一种特别的力量，让儿子安静下来，我觉得很高兴。休息时间我去跟莫娜道谢，结果她对我说：

"'问题不在你的小孩身上。只要你不清理"我的小孩需要学习荷欧波诺波诺"的想法，孩子就没办法看清自己该做

什么。小孩一直都看着所有的东西,包括那些你看不到的,是你的记忆让他们盲目。'

"尽管她的口气跟平常一样温柔,却感觉十分严厉。这时我才发觉,在不知不觉间,我变成了一个把自己小孩视为问题儿童的母亲。但是想起来,这只是因为内在的记忆,让我把原本完美的孩子看成是问题儿童而已。养育小孩一直都是件辛苦的事,但自从那件事之后,每当小孩吵架时,我都会先清理内在,结果接二连三便会涌现出许多想法:'没办法把小孩管教好的我,实在令人不堪。''如果我的小孩跟我一样,在周围人的眼中是个笨蛋怎么办。'其实我注视的并不是小孩,而是透过孩子,看到自己内在的恐惧。所以,每当我察觉到这点就会清理,持续了一段时间后,便能轻易地让他们停止争吵。当我们去买东西时,他们也会跟着我一起走,不再乱跑。其实,小孩正用他们的方式成长,我差一点就迷失了。借着实践荷欧波诺波诺,孩子得以展现他们的风格,与我的过去完全独立开来。而在这之后,他们的表现也超乎了我的想象,他们建立起自己的人际关系,对读书燃起兴趣,让我非常感动。

"当我3个小孩分别长到24岁、21岁、19岁的时候，我们都还住在一起。虽然各自有各自的工作，但没有人想要离开这个家。在美国，大部分人从学校毕业后，就会开始一个人生活，但我们却一直住在一起。那时我心头突然浮现出一个想法，'现在就是我离开家，一个人生活的好时机'，虽然我不知道这样做目的何在，也觉得莫名其妙。明明没有存款，小孩又都特地为了我而留在家里，照理来说，应该一起生活、互相扶持才对。我也发觉原来心里还有这样的想法，于是便不断去清理。然后，我开车到旅行社，订了一张前往夏威夷大岛的单程机票。我跟孩子们说，我接下来要去大岛，而且想在那里一个人生活。虽然我想让他们明白，我从心底爱他们，但他们根本听不下去，完全不想理我。而我到了大岛后的那两年半，一次都没有回过家。

"但现在我们的关系，却比以前任何时候都要棒。突然离开家，他们一开始很生气，还曾经在电话里哭着对我说：'你这么做也太过分了吧！'这句话从我踏上旅程后，就不断对自己说。所以我一直在清理这份体验与罪恶感。而且，我每个月一定会打一次电话回去。渐渐地，大家开始在离自己工作地点比较近的地方租房子,创造属于自己的生活。他们也从那时候起,开始在经济与人际关系上独立了。

"我生长在一个很小的城镇,在那里养育我的小孩。在这种小镇里,大家连对方的小事都知道得一清二楚。哪个人是谁的男朋友,这小孩的爸爸是谁,这一家只买特价的清洁剂,连这种鸡毛蒜皮的小事都会被别人摸得一清二楚。星期日大家都去教会,要是你没去的话,别人就会开始担心你……就是这样的一个城镇。与其说毫无秘密,不如说彼此太过紧密,纠缠在一起,以致于让人看不清自己。搬出来住,给我一个重新清理这些体验的机会,而在这过程中,我的小孩也开始到能遇见各自自我意识的地方生活了。

"我在遇到荷欧波诺波诺的15年后,也就是45岁的时候来到大岛。我没有信用卡,也没有存款,只带着一个行李箱。我从前在课程上认识的人,让我暂住在他们家,直到我找到工作为止。在那3个月里,我从家务到修整庭院,全都一手包办。

"有一天,在我向他们借车到镇上买东西回来的路上,经过了去时走过的山路。我到现在想起来还是觉得很不可思议，当时不知道为什么，就觉得应该要往右走，于是直直上了一条看起来一点也不像路的路。我在那里看到一间空房子，在一片树丛中有个广告牌，上面写着'待售'。自从我搬来大岛以后，就一直在找房子，但是我的条件都设定在小公寓，不是这种带着庭院的独栋房屋。所以当我对这座房子产生兴趣的时候，感到很羞愧。我甚至感到愤怒，心想：'我根本没有钱买这种房子，也没有良好的信用状况，怎么还想看这种地方！'当天晚上，一直在帮我找公寓的KR，突然打了通电话给我。

"'最近还好吗？你看到喜欢的房子了吗？'KR开朗地说，好像什么都不知道的样子。'KR，我心情糟透了。'KR听我这么说后便不再说话，只是静静地清理，接着突然开口道：'不对啊，你现在超好的！'

"这时我跟她说起发现一座房子的事，于是她说：'很棒啊！那就是你的房子。还有一个灵感花园耶。'但她明明就没看过那座房子。事实上，当时那座房子还只是座废墟，不过当我看了第一眼后，脑海中就接二连三出现花朵和蔬菜开花结果的情景。

"跟她说着说着，我渐渐平静下来，发觉这其实只是因为尤尼希皮里太激动的缘故。因为我们打算做一件从未体验过的事，因此尤尼希皮里才会充满恐惧。

"我想起莫娜以前说过的一句话：'当你的情绪摇摆不定的时候，代表宇宙在跟你说，现在该清理了。'

"这时我才发觉，原本我是想让这座房子提供我一个归宿，但其实并非如此，是我要借着房子来清理内在所有的记忆。

"KR紧接着说：'你现在千万不要忽略尤尼希皮里的声音，就连那些束缚住你的普遍价值观，也都是尤尼希皮里反复播放给你看的。'

"于是我开始持续对尤尼希皮里说话：'尤尼希皮里，谢谢你让我发现这件事。这是找回我们真正羁绊的一个好机会。是你帮我找到一座跟我们绝配的房子对吧？接下来我们就在这块土地上一起清理吧。'

"接着，事情的发展出现了转变。首先，让我寄住的那一家的丈夫，介绍我去帮住在附近的一对老夫妇做看护工作。面试的时候，我发现爷爷抱不动体型较大、体重较重的太太，但太太又不想找男性看护员。这时便该我上场了！我从小身体就很强壮，就像你们看到的这样顽强，我对体力活很有自信。就这样，我马上找到了工作，他们还答应付我足以支付贷款的薪水。然后，我便以自己无法理解的速度，住到了这片5英亩的土地上。

"而且，关于这座房子还有后续。有一次我儿子打电话来，他说：'妈妈，其实我正打算买房子。'我问他：'哪里的房子？'他说：'以前跟你一起住的房子，我要买下来。'

"我这时才发觉，原来我在夏威夷一边清理自己的人生，一边从零开始建构出自己的家，最后会让我原本的家转变成家人真正的家。就在我清理自己的执着、道德观与一些原本认为'应该如何'的想法后，我体验到自己真正身为人的那一刻，有了存在于内在家人的那一刻，外在与我的家人也合而为一了。

"儿子说他之所以准备买下这间房子，是为了让我将来在夏威夷退休后，可以随时回去。有时候就会发生这种事吧？原本明明互相依赖到没办法离开彼此，但当每个人找回自己之后，就能在家人中感受到一股超乎想象的连结与信赖。

"就在我找回自己,孩子们将我视为一个自我意识的那一刻,我们也在家人之中找回了自由。"

向神性智慧许愿

怀伊雷娜说这番话的时候,眼睛闪闪发亮,看起来很开心,而这时整间屋子似乎也充满了感谢之意。我环视这间屋子,看到桌上摆着许多家庭合照。虽然只是几张照片,但却可以从中感受到怀伊雷娜每天一边在这座房子找回自己,一边持续清理她深爱的家人与她之间发生的所有体验。我突然发现怀伊雷娜也在看家人的照片。

"最近我儿子生小孩了,非常辛苦。从前在安眠药带来的昏沉状态下养育小孩时,我曾不断向神性智慧祈祷,求他一定要让儿子平安长大。其他不管怎样都无所谓,只要孩子能够好好活着,我就心满意足了。

"老实说,我是在清理得很不充分的状态下,去接触神性智慧的,但神性智慧却能明白。不管我用什么字眼,说了什么漂亮话,都能实实在在向神性智慧呈现出真实的样貌。我从那时的体验中明白，只要能对自己过去的做法有所悔改，神性智慧就会聆听你真正的愿望。重点不在于说了什么，只要冀望自己能够重生，就能找到自己的道路。

"虽然我祈求儿子平安，但是对神性智慧来说，我的愿望是为了找回自己的生命。尽管我祈求的是儿子可以幸福成长，但其实是想通过儿子找回我真正的样貌，找回直接连结到神性智慧的完美生命。一开始的理由是什么都无所谓，只要持续使用这个方法，任何人都会发现自己在不知不觉间，逐渐找回了真正的自己。就算没发现这点也没关系，只要持续下去就好。"

"我要去榨柳橙汁了。"怀伊雷娜从椅子上站了起来，于是我也跟着她走到厨房。厨房是怀伊雷娜亲手打造的，在这令人雀跃的空间里，充满有可爱图案的盘子和餐巾纸。我小时候的梦想就这样搬到了现实当中。

"这些古董瓶子好漂亮！"千穗说。厨房的窗边摆着一些浅蓝色的古董玻璃瓶。

"在我刚住到这座房子的时候，它还只是一座废墟。连KR第一次来看的时候都吓了一跳，我们两人还为此而哈哈大笑。之前住在这里的人,生活应该很糟糕,房子和院子里都有满满的烟蒂和诡异的针头。这座木制的房子,天花板也都是洞,每次下雨都会漏水,每次一漏水我就修理。而我每天捡垃圾的时候,都会对房子说'对不起,一直把你放着不管''对不起,把你弄得这么乱',结果心里便出现'被人看得很渺小是件很痛苦的事'的想法。我终于明白一直以来都把自己看得多么渺小。这块土地即使变成垃圾堆,也还是不断绽放着这么多植物,我对这块土地由衷感到尊敬,于是更加努力地清理。之后,当我每天在院子里散步时,脚都会踢到一些东西,就这样找到了很多古董瓶子。很漂亮吧?我拿到镇上的古董店,结果竟然可以换到足够买一个瓦斯炉的金额。

"说真的,要是我早一点这么做的话,或许儿子们早就开始过自己喜欢的生活了,不过对我来说,每一步都是必要的过程。修理屋顶的破洞,弹簧坏掉的床怎么换,瓦斯炉的取得流程,我一一清理对这些事抱持的各种主观认定、死心断念与期待等想法,终于能用清理后那个澄澈的自己来面对事物,这让我明白自己受到了许多守护。如此,便让自己重生并站起来了。拜此所赐，由记忆所引起的女性单独在深山里生活可能会出现的各种问题，再也没有机会进入我的人生当中。

"莫娜常说，女性该拥有自己的房子。这当然不是说男性可以没有房子，她的意思是，女性拥有房子，等于是为世界带来非常强而有力的转化。"

我只要一想到这间房子，里里外外都是配合怀伊雷娜找回自己的这段时光构成，而她的内在拥有这样富有色彩与想象力的世界，就不禁深深感动。一个人、一个女性，创造出自己的生活，是件既可贵又如同奇迹般的事，宛如能触碰到宇宙的奥秘一样。我想起这次访谈中遇到的每个人，在说起自己的房子时，都好像是在说自己的事情。

"从前有个来拜访莫娜的顾客，曾经发生过这样的事。那名男子住在瓦胡岛名叫卡内欧希的城镇，他家里一直出现状况，所以来向莫娜求助。他们家晚上会不断传出各种声音，明明没有人去开抽屉，抽屉却是开的，这些情况让他们感到恐惧，认为是一种骚灵现象。于是莫娜去了那个人的家，她看到那边有个穿着蓝色兜档布的梅涅胡涅（夏威夷传说中的一种小矮人）的灵魂，到处走来走去。莫娜问幽灵：'为什么你要穿过这间房子呢？'梅涅胡涅说，这所房子后面有座山，有条通道连接着上面的世界，但这所房子盖在通道上，因此他就迷路了，而且还一直撞到房子，所以很生气。莫娜简单跟那户人家说，'请你们持续供奉一个星期'，然后就回去了。大家听到这件事都很震惊，因为原本都期待莫娜会用一些更荷欧波诺波诺式的解决方法。但当他们连续供奉一星期后，骚动便停止了。之后他们仍一直将花和干净的水放在那里。我后来问莫娜：'供品有那么重要吗？'莫娜回答我。

"'我对那位梅涅胡涅说，如果他们供奉你一个星期，证明他们是认同你、尊重你的，到时就请你不要再那么粗暴，而且，我也已经找到你原本要走的那条路了。虽然说不供奉也可以，但是，若我们察觉不到位于此处的存在，相对的就应该学会谦虚。'

"所以，这间房子也是一样。我不知道现在这一刻，这里有怎样的存在。只要理解到这一点，就能随时找回谦虚的态度，而这分谦虚，也会告诉我们住在这里所需要的智慧。"

我喝了怀伊雷娜榨的新鲜柳橙汁，又准备出发了。这座屋子充满闪闪动人的东西，甚至让我觉得，要是再继续待下去，一定会出现各式各样的神奇现象。但不管怎么说，大岛终究很辽阔，接着我们打算花4个小时，在日落之前抵达位于岛屿南端的KR牧场。怀伊雷娜要开车送我们到那里，她熟练地锁上门后，我们就在山羊和两只狗的目送下出发了。

向火山女神打招呼

我们从威美亚出发，途中经过希洛，不断往南走。不久前在威美亚看到的那种朦胧景色，已经消失无踪，即使从车内也能感受到临海区域那股慵懒的生活步调。我第一次去想象创造出荷欧波诺波诺回归自性法的莫娜，是在4年前，当我和修·蓝博士以及夏威夷的伙伴聚在科纳的时候。那时，我感受到的风与时间流逝的方式，是在熟悉的瓦胡岛从未感受过的，这令我留下深刻的印象。

"我想去一个地方一下。"怀伊雷娜对我们说，接着就将车开进夏威夷火山国家公园。位于此处的基拉韦厄火山，被认为是地球上最活泼的火山。看来她是要去看火山口。车子开到了最高处，一下车风便不停吹在身上，非常冷。怀伊雷娜明明穿着短袖，看起来却一副什么事都没有的样子，从车上拿出了一个装满水的蓝色瓶子，走在我们前面。当我在尽头处环视四周景色时，简直就像是浮在火山的中心一般。怀伊雷娜说："我们很快就走。以前我和莫娜来过这里好几次，来跟这里的佩勒（夏威夷传说中的火山女神）打招呼。因为莫娜今天一直出现在心里，所以我们就来跟佩勒打招呼吧，是她将我们这趟旅程引导到该去的方向。"

接着，她把蓝色太阳水倒进火山里。我静静站着进行HA呼吸。HA呼吸是荷欧波诺波诺代表性的清理工具，这种呼吸法可以让我内在的家人也沁透在神圣的呼吸中，并且帮助我们整顿下来，回归原本的自己。自从我学了这个方法后，每天都在各种不同的场合使用，例如在感觉紧张、有压力、跟人见面之前等，烦躁的情绪会因此而平静下来。此外，当莽撞的我感到太幸福而兴奋不已时，只要使用这个呼吸法，就不会迷失眼前该做的事情。

另外，从前博士曾经跟我说，当我们踏上一块新的土地时,也要进行 HA 呼吸,于是从那时开始我就一直这么做。

"每一块土地都是神性智慧创造出的神圣场所。你要透过记忆来与其接触,还是要透过神圣与其接触,全都取决于你是否清理。你会造访一块土地,就代表有某些需要清理的事物。你与这块土地,都会因为清理而找回自由。"

第七章
KR 的荷欧茂牧场

　　接着从基拉韦厄火山又开了两小时左右,经过无数蜿蜒的道路,往 KR 牧场所处的南科纳前进。我们渐渐来到人烟稀少的路上,太阳不断下沉。正当我心想"要是天色全黑的话还真有点恐怖,怀伊雷娜回去没问题吗?"怀伊雷娜就打了通电话给 KR,跟她说:"我们到了。"过了一会儿,就在我们要停车的时候,KR 的两个孙子和一些小朋友,刚好从前方走过来,他们手牵着手,看起来很开心的样子。

　　由于 KR 的女儿凯拉和凯拉的女儿安娜尼亚、儿子马丁,从今年开始负责管理这个牧场,因此已经从瓦胡岛搬到 KR 牧场来住。KR 的其他几个孙子也从加州过来玩,顺便过暑假。这边已经彻底有牧场的味道了,他们让蚱蜢停在头发上,玩得相当愉快。KR 从建地中走了出来。

"嗨！"看到 KR 一如往常的笑容，有种"我们终于到了"的感觉，于是松了一口气。

"我们赶快在太阳下山前进屋吧。我还要带爱绫她们去晚上要睡的小木屋。"

我们拿着行李，先到我们要睡的小木屋。这是我第二次来这里，第一次是在 KR 决定买这座牧场前不久。那时我看到的红色屋顶房子，根本就是座废墟，如同怀伊雷娜所说，到处都是破洞。我心一惊，暗自叫道："我们真的要睡在这里吗？"但当我们进入屋子后，才发现在这半年内，很多地方都已经修理过，甚至连床都准备好了。虽然空荡荡的，不过只要跟千穗两个人在一起，就不会害怕。KR 很高兴，兴奋又带些得意地说："变得很漂亮了吧？"她仔细向我们介绍屋子里的东西。她还是一如往常，无比热爱房子与土地。

我们放下行李后，前往主屋。主屋是 KR 的女儿凯拉和家人住的地方，KR 待在夏威夷岛的时候也会睡在这里。虽然之前看到这间房子时，跟一座废墟一样，很像恐怖电影常见的舞台，不过当有人开始在此生活后，整个都变得不一样了，变成一间与年轻居住者相当般配、清爽的房子。

屋子里，凯拉已经在准备晚餐。我们很久没见了，久违重逢，彼此都很开心。我给凯拉芥末口味的香松礼盒当作伴手礼，她曾说很喜欢这个。礼物让她非常高兴，看她高兴我也很开心。KR的孙子也全都聚在这儿，有的在帮忙，有的在画画，有的在教我们弹尤克丽丽，抚慰了怀伊雷娜、千穗和我长途奔波的疲惫。

晚餐结束后我们走到户外，发现天空填满了银色的颗粒。在这片黑暗中，怀伊雷娜又要花将近四小时的车程开车回去。"我要回家了！"她露出灿烂的笑容，说完这句话就走了，丝毫看不出疲惫的神情。谢谢你，怀伊雷娜。

我和千穗收下手电筒，一起从主屋前往小屋，慢慢拨开草丛一步步走去。晚上就算在屋内也还是很冷，我们紧紧裹着摇粒绒外套，围着孤零零的一张桌子，在睡前各用一杯当地的啤酒来干杯。这时外面突然传出了声音。一开始我还想着是松鼠或狸猫之类的小动物，但接下来声音变大，变成一种沉重的声音，可能是牧场的马走到这里来了，于是我们又放心地继续喝啤酒。可是，看来这种生物不止一两只，有大量的某种生物发出沉甸甸的声音,以我们为目标缓缓靠近,包围了这间屋子。我和千穗发出惊叫声,推测它们是被屋子里的电灯和气息引过来的,于是马上将灯关掉,赶紧躲到棉被里睡觉。"晚安!明天见!"我们互相拥抱,蹑手蹑脚跳上各自的床。在这间没有网络、什么都没有的屋子里,明明已经很累了,我却因为那些恐龙般的脚步声而迟迟无法入睡。我抱着求神保佑的心情,在被窝中进行 HA 呼吸。听到外面的声音逐渐远去,才进入梦乡。

隔天早上,阳光照到脸上,我急忙从床上跳了起来,看了看窗外,没有恐龙也没有任何东西。千穗已经起床了,正刷着牙。太好了,大家都没事。我已经很久没有这种恐怖体验了,不过一大早就感到非常愉快。早晨的阳光就像在证明昨晚的事件已彻底成为过去一样。我已经很久没有像现在这样,深刻感受新一天的到来。

清理判断便能找回自己的存在

昨天我们抵达牧场的时候天色早已昏暗,而且又有些疲倦,因此没心力环顾四周,不过今天一走出户外,又重新感受到这片667公顷（大约等于150个东京巨蛋）的牧场有多么广大，大到连视野都容纳不下。这和我平时所见到的景色和宽广度差太多，因此感觉眼睛的肌肉为了适应，正拼命地调节。今天KR要带我们参观牧场。我们前往主屋吃早餐，先把肚子填饱。

屋子里还很安静，只有KR一个人在厨房忙进忙出，其他人似乎还在睡觉。早晨的阳光射进厨房，KR正将咖啡倒进壶子里。

"有格子松饼和吐司，你们要哪种？我要吃松饼。"

我选了松饼，接着一边津津有味地享用刚泡好的咖啡，一边跟KR说昨晚发生的事情。我告诉她，在我们快要上床睡觉的时候，外面出现巨大的生物想要袭击屋子，结果她听了大笑说：

"抱歉！抱歉！那是野猪。因为我们这区禁止猎人进入，所以大家半夜就逃到这里来了。平常这边不会开灯的，所以一开灯它们会聚集过来。你们没事就好！"说完之后，再度哈哈大笑。

谜团解开了。即使身在屋内我也能明白，虽然现在大家处在祥和的气氛当中，但只要一踏出户外，就是极为广阔的土地。这边感觉不到外面有任何人，这对于从小在都市长大的我来说，有种解放感，同时也有点紧张。KR的女儿凯拉，年纪和我差不多，她和正值青春期的女儿安娜尼亚以及儿子马丁，已经搬到这边住了。就昨晚的感觉而言，他们看起来都已经适应了新环境，很享受这里的生活。我一直很向往大自然的生活，但是，不管是昨天夜里的野猪，还是热水水龙头的出水方式，或是粮食仓库的保存方法，都能看到生活上的实际差异；一想到他们已经适应了这些变化，就不得不敬佩他们。我边想着还在梦乡的他们，一边说：

"他们三个人好厉害，突然就得开始在这里生活。"

KR立刻从阳光开朗的感觉，转换成面无表情的模样，仿佛切换成她在进行个人咨询时的模式般，开口说：

"有一次我点进一个平常不会看的竞标网站，这块土地刚好在出售。虽然我很有兴趣，但这块土地大得超乎我的想象，金额也不是我能贷到的，所以就这样置之不理。但不知道为什么，这片土地一直浮现在心头，所以每当我想到它时就去清理。后来因为工作关系来到夏威夷岛，我来到邻近的区域，于是便联络了他们的负责人，来看这块土地。我对这片土地抱有无比浓厚的兴趣，完全不受购买与否的影响，也一一清理了对这块土地的想法。'我喜欢跟这里珍贵的植物有所接触'，当心里出现这个想法时，就立刻清理。'但这终究只是一场梦，我没有资格拥有这里'，当心里出现这种想法时，再次立刻清理。我在负责人的好意安排下，在森林里和马一起散步，而这时候，我终于接近平常的状态了。也就是不判断，只是单纯使用荷欧波诺波诺，活在眼前。这时我心想，'我就在现在这状态下竞标看看吧，从中获得体验就是现在该做的'，于是便以当下的条件去参加竞标。修・蓝博士也要我不断清理这块土地和我之间的关系。'我要取得一块667公顷的土地'，我没有像这样着眼于很大的目标，而是一边清理眼前所需的项目，一边付诸实行。例如说，填写申请表，准备银行存款纪录文件，请律师等，我将这些事一个个清理，同时一步步着手完成，结果就在做的过程中，有一天突然感觉到，我已经决定要购买这块土地了。

"我没有太过惊讶，就这样自然而然地得到了这块土地。我的心扑通扑通跳着，心想从此就要去清理和这块土地的关系了。要是我那时光用脑袋思考,将在这片广大的土地上做什么的话,我想我肯定会偏离自己的蓝图。比方说,要是我当时急着活用土地,轻易运用土地所有人的权利,招募想在这里做生意的厂商进驻来营利的话,或许就会破坏其中的自然生态,造成不可挽回的局面。话虽如此,但我并没有立刻出现要在这里谋利的想法,而且以当时的情况看来,我也不认为我能够长期居住在这里。

"只要一出现判断,我就立刻清理。当我有什么构想时,或是有人给我建议的时候,我也会清理。同时,每天都会问这块土地希望我怎么使用它。就在这时,我女儿凯拉自告奋勇说,他们想要从瓦胡岛搬到夏威夷岛,担任牧场的管理者。这个方案我完全想都没想过。他们从小在瓦胡岛长大,两个孙子也还是学生。但是她却很开心地提出方案,说他们想要在这里生活,想挑战看看。

"老实说,我当时内心忐忑不安,就连现在也如此。每当我待在瓦胡岛的时候,一想到他们我还是会有点担心。有时候也会想,'在这种人烟稀少的地方,一个年轻的女人和两个小孩,要是出了什么事该怎么办?我真是个不负责任的妈妈。'他们搬到这里来后,我来过好几次,一开始大家不停吵架,两个孙子都很想念瓦胡岛的朋友,哭个不停。我看到这种情况,也曾经责怪自己'这样做果然行不通'。不过就在这时,我想起从前刚成为母亲不久时,莫娜曾经对我说过的话:

"'对眼前出现的状况负起百分之百的责任,并不是叫你自己一个人去决定,去完成所有事情。只要清理内在的判断,就能找回自己真正的存在。这样一来,对方的能力也会发挥出来。'"

不要把事物看得太重大

"当小孩不听话、一直哭个不停的时候,我无法认为错全都在小孩身上,于是往往会觉得自己不是个好妈妈。不知道从什么时候开始,我以为要这么想才是个负责任的母亲。而莫娜就在这时对我说了那番话。我的小孩活着,我也活着,我们一起待在同一个地方,而在这无庸置疑的事实当中,我发觉看着小孩哭闹让我很痛苦,于是我开始清理。我对尤尼希皮里说'感觉很痛苦对吧?真的很难过对吧',同时也不断在心里念着'我爱你'。当我这么做之后，焦点就能再次定下来，明白实际上该做些什么。有一次当小孩正在哭泣的时候，我想对他说的话就这样自然脱口而出；又有一次，小孩哭个不停，但我却离开现场去做饭，回到该做的事情上。不可思议的是，小孩也会重新画起原本画到一半的图，或是去找新的游戏来玩。只要某个人先找回自己，平衡便会渐渐回到身边。之后，我持续这样养育小孩，在夏威夷岛时，我回想起当时养育小孩的那些事。

"我发觉，我只会用'他们不可靠而且焦虑不安、年轻的一家三口住在非常危险的地方'这样的判断，来衡量他们的选择。而这时我能负起的责任，就是清理自己。就在我清理之后，开始重新修正牧场地图，这是我待在牧场时一直想做的事情。过了不久，我也自然想送他们一台洗碗机，并且确实付诸实践，这时我才开始活出自己。接着，女儿就在当地找了原本就需要的临时工，帮忙照顾牛群和马匹，两个小孩也逐渐安定下来，又开始读书，重新回到学校上课。

"就这样一直走到现在。我每次回到这里，都能看见他们变得更加坚强，同时也与这块土地有着紧密的联系。大家骑着马或坐着全地形多功能越野车到这座牧场告诉我们需要修整的地方，按照牧场告诉我们的方法，进行修整。而最近我们又知道，这座牧场里有无数濒临绝种的植物，以及国家保护植物。刚好有个调查团来这座岛，他们到处随机选择牧场进行调查，不过大部分人都并未清楚掌握自己的牧场，再加上还有很多主人不希望别人或国家介入他们的牧场，因此调查团不断遭到拒绝。但我女儿那时就已经清楚掌握牧场里的道路，以及哪里有哪些东西了，所以他们能接纳调查团，并得以参与这项计划。终于，连意识的部分也能理解新的运作，但其实运作一直都存在，而且所有与此相关的人，本应都能听见这项讯息才对，然而我却没有。反复的判断，差一点就要用记忆将这块土地原本该做的事给夺走。

"莫娜也常说，'一旦把事物看得太过重大，就会失去其中重要的本质。'

"当我遇到这块土地时，要是心想'如果能买下这里，死也值得'；当我决定要买下来的时候，如果心想'这片土地这么宝贵，这么广阔，这片土地的买卖是笔非常大的交易，所以我要牟取多少利润才行''一个年轻家庭要在这里生活根本就是痴人说梦'；或是'他们是特别的，所以绝对做得到！'这些想法都将眼前发生的事看得太过重大。当你这么做的时候，等于忽略了在这事件中体验到、看到的每个线索与其中真正的目的，且不断践踏着这些事物胡乱往前走。

"话说如此，拼命装作开朗，明明内心不安却还硬要相信一切都会没问题也是一样。这时你应该要一一清理眼前发生的事情，接着会开始看到一些东西，要尽可能让自己活在这些事物当中。当你这么做之后，肯定就能逐渐从中看到某些风貌。

"莫娜常这么说：'要是把一件发生在身上的事看得很特别，就是一个警讯。这是清理的机会。'

"特别的意识与感谢是两种完全不同的能量。当你抱着某种特别的意识时，往往会迷失真正该做的事情。相反的，当你面对出现在眼前的事物时，若能谦虚清理一切体验，便能在'现在'做出立即的反应。所以，既能从灵感中踏出一步，又能做出超出认知范围的计划，并在最佳时机付诸实行，便能因此而避开危险。这一个又一个的结果，发展为现在的状态，令我成为牧场的主人，而且让我的小孩住在这里并管理这里，同时他们还正打算进行一项新的调查计划。现在我看着眼前的情况，觉得这样非常符合我的风格，而且也让我看清了该做什么事。最重要的是，这让我感到既兴奋又期待。"

当我对一件事抱有特别的意识时，好比说，当初刚开始跟修·蓝博士一起工作时，我曾经心想他是位特别的人物，于是感到很紧张。而且，我觉得有这种想法是理所当然的，如果不这么想，我就是个骄傲的人。修·蓝博士有一次就对我说：

"就连对人或土地抱有特别的感情，也算是一种记忆。如果你放下这些感情，就能找回你跟这个对象之间原本的神圣连接。你该尊敬与谦虚的对象，原本就该是那神圣的连接才对。如此，你与该对象才能发挥出各自的才能。"

自从我步入社会后，开始接触不同年龄层、活跃于不同领域的前辈，这是非常难能可贵的体验，但我有时却会因过度紧张而迷失眼前该做的事情，搞出许多乌龙，或是硬逼自己表现出专业的态度，将紧张隐藏起来，结果就会展现出一副趾高气扬的样子,而让对方感到不快。我有许多这样的经验,无论哪种情况,都没办法将双方关系拓展开来。当我对于发生在身上、出现于眼前的事情,过度抱持特别的意识时,就没办法保有真正的自己,也没办法尊敬、尊重对方。从此,每当我与人会面感到紧张时,以及和尊敬的人见面兴奋到脑袋发热的时候,一定会清理。这么一来,跟原本紧张的时候相比,很不可思议的,我能更单纯地为对方的卓越感动,说出的话也不会再跟心中所想的有落差。于是,我的工作出现了戏剧性的转变,开始感到充实且充满收获。内心处于放松的状态,也能好好着手当下该做的事,这些情况渐渐增加了。假如人与人之间存在着一种称为人际关系的东西,那么,这种东西肯定是要在自己先找回这种状态后,才能孕育出来的。博士也对我说过:

"感谢与尊敬,是当你的记忆归零时,生命与生命之间彼此自然为对方献上的东西。没有任何一种存在会愿意被记忆束缚,大家都渴望自由,就跟你一样。真正的自由并不是去伤害、破坏其他东西,而是一种更能让大地放松的节奏。"

我发现我一直都很害怕,觉得要是变得自由,就会伤害别人,受到他人误解,或是一意孤行,以致于无法与他人创造出良好的关系。但博士所说的自由,看来并非如此。

"当你开始活出自由的时候,要是对改变感到恐惧的话,恐惧便是存在于内在的记忆。事物会因你引起的改变,各自回到原本该走的蓝图之中。"

回到原本的节奏

KR继续说:"荷欧波诺波诺让我们找回平衡。当我们对某些事投入过多心力、沉迷其中的时候,只要使用荷欧波诺波诺,就能帮助自己找回平衡,这一点真的很重要。

"像这座房子就是这样。如果我们对这片土地与自然环境过于热衷,就这样将这三间旧房子置之不理的话,事情的发展肯定会与现在有所不同。要是我们过于重视大自然,藐视自己的生活,那么这不平衡的状态一定会出现在自己身上,接着还会显现于跟我们相关的一切事物上。这是我从莫娜身上学到的一件很重要的事。

"我刚到这座牧场时也觉得,以后待在这里,就算有什么不方便的地方也无所谓,即使要搭帐篷过夜也没关系,重要的是,我必须为这块土地做些什么才行。不过当他们开始在这里生活时,我终于回想起,跟盖房子时需要用到鹰架一样,我们也必须找回自己的平衡。这块土地上有三间几乎快垮掉的房子,而我们是人类,也需要过日子。由于我擅自决定了优先项目,因此想法才得以改变,开始认为我必须好好处理现在发生的事情。不可思议的是,每当我开始着手整修这些房子的时候,牧场也会出现变化。我们为了整修屋子的水管线,需要一一检查牧场,结果检查到最后,发现那些老旧的配水管,已经快被火山压在下面了。假如错失这个时机,导致配水管破裂的话,就必须动大工程,付出额外的心力不说,还会为土地带来很大的负担。所以说,平衡很重要。这是一块非常棒的土地,它帮助我回想起这些,才能像现在这样接待你们,跟你们一起迎接愉快的早晨。这是一个礼物。"

当我把一件事看得非常不得了时,就没办法看清什么才是重要的。在我跟荷欧波诺波诺一起生活后,我也学习到,其实生活中的每件微小事物,都隐藏着一些跟其他事物相关的细密信息。

"能够每天清理,真是件富足的事。

"莫娜都说,'太阳、地球与宇宙,原本就有一股带节奏的流动。回归这种节奏是非常重要的,而清理可以帮助你实现这点。所以,母子间无聊的争吵,无趣的电视节目,疾病始终无法康复,每件事情都是为了让你回归你的节奏。借着去清理疾病,你会找回自己;借着清理无聊的电视节目和家人之间的争吵,找回你和整个宇宙的节奏。我们要活在这个节奏中。'

"所以,我也想要清理现在这个当下。"

KR恢复平时可爱的笑容,从椅子上站了起来,到房间去换衣服。

直到刚刚为止,我都还有些孤单寂寞的感觉,宛如被遗留在一片辽阔的土地上。不过KR的这番话,让我突然清醒过来,明白其实这间房子也是这片广阔土地的一部分,牧场做着牧场该做的,房子做着房子该做的事,双方确实处于平衡当中。尽管今天我们要花一整天的时间拍摄KR的土地,但我希望自己能以一个访客的身份清理自己,并待在这种节奏中。

我们吃完早餐后，喝着KR泡的可口咖啡，着手为接下来的牧场巡礼做准备。当初的计划是要骑马绕整座牧场，不过三匹马中有一匹正在静养，于是改成用ATV来代步。KR自己开一台，剩下那台由我开，摄影师千穗则坐我后面。我怀着雀跃的心情，出发前在牧场中唯一连有Wi-Fi的主屋，查看了电子邮箱，发现修·蓝博士发来一封简短的邮件。

当你一直拼命想看出对方的心意时，便会深陷陷阱里。因为这是一种记忆，这并不是对方真正期望的事，而是万物从以前累积到现在的古老记忆。与其这么做，不如不断清理那些出现在你眼中、你对对方所下的判断，这才是最重要的。而当你这么做之后，你能做的、该做的，和对方之间真正的羁绊，便会自然朝我们流过来。自由并不是从别人或环境那里抢来的。你会非常轻易就受困在记忆的漩涡中，因此，也只有你才有办法让自己解脱。平静从你开始，自由也从你开始。

被记忆困住的摔车体验

我第一次看到 ATV，远比想象中还要大，而且车身凹凹凸凸的，光看就觉得坚韧。虽然 KR 教我一些简单的操作，不过由于我只有自动档车的驾照，因此车子握把上五花八门的变速键让我心生畏惧。不过，她告诉我基本上只会用到 D 档跟 R 档，于是我先在旁边练习，结果开起来意外地顺。毕竟牧场这么大，也不需要注意对向车道，而且我又想快点开始探险，因此草草结束了练习，便充满干劲地说："我们出发吧！"

KR 开在前面，我跟千穗两人共乘一辆，跟在她后面，在牧场中持续往前进。这里真是大得不得了，平常的行进范围再遥远，也在视野所能容纳的范围之内，因此在我适应前方与左右这片延伸到无边无际的景色之前，一直都有种头昏眼花的感觉。KR 不时回过头来，用灿烂的笑容向我们挥手，跟影集《草原上的小木屋》里叫劳拉的少女简直一模一样。她偶尔会停下来，让我们看看牛群。

"那只小牛出生不久就被妈妈抛弃了，是我的孙子马丁把刚出生的小牛用马载回家的。但这只牛现在看起来很有精神吧！真是太好了。"

这边有生物需要照顾，天气也总是剧烈变化，生活在这种环境当中，就像KR说的，如果单独专注在一件事上，便会觉得自己没办法应付，这一点我现在已经充分明白了。在这边生活，需要照顾牛，自己也要在家吃饭，还得去买东西，去见其他人，配合天气的变化，面对这些事情，若身心无法随机应变，根本没办法生活下去。

但其实都市的生活也是一样。没有任何事物一直是相同的，不管对方是再怎么熟悉的人，我的内在和对方的内在，仍会因为回放的记忆而不断产生变化。我能做的就是一边清理自己的体验，一边做该做的事。

就在这时，路突然变窄了。我们在很陡的上下坡缓慢前行。KR途中一度停下来，喝水休息，接着又开始前进。

等我回过神来，我的脸已经在土里了。嘴巴也有土，耳朵、鼻子里都是土。土也跑进了眼睛，痛得我睁不开。我不知道发生了什么事，而在下一刻，才发现我跟车子一起翻覆，于是立刻大叫："千穗！"我心想："坐在我后面的千穗要是受伤了怎么办！要是她丢了性命怎么办！"我感觉快要发狂,才渐渐听到有人叫我的名字。

"爱绫!爱绫!"

"你没事吧?"

"你有没有撞到头?"

KR和千穗拼命对我说话。即使如此,不能自已的我,仍然不停使劲叫着"千穗、千穗、千穗"。

KR以强而有力的声音说:"千穗没事。我们现在是在问你有没有事,你冷静下来。"

原本模糊的双眼开始看得到东西了,我看到KR和千穗站在那里盯着我看。千穗默不作声地紧盯着我,用眼神向我传达"我没事,我在这里"。

我终于开始掌握现状,首先确认了身体有没有受伤。头没有撞到,身体施力时不会有剧烈的疼痛,所以肯定没有骨折。但是我的右脚动不了,一定是被压在车子下面,抽不出来。

我告诉她们,接着她们发出吃喝声,把车子稍微抬起来一点,我终于爬了出来。我的身体在颤抖,不知道究竟是因为害怕、疼痛、还是悲伤,脑子一片空白。这时我完全不知道该做什么,置身于何处。眼前的景象十分吓人,一棵石栗树朝悬崖的方向弯成两半,而那辆巨大的ATV非常幸运地翻倒在悬崖边缘,刚好被树支撑住。等我看到这片景象后,开始拼命道歉。

"对不起,对不起,对不起!真的很对不起,我闯了这么大的祸!真的很对不起!"

我浑身不停颤抖,只说得出这些话。我竟然犯了这种天大的错——当时脑中塞满了这个想法。我甚至害怕得无法直视她们两人。

接下来,KR采取了非常迅速的动作。

"爱绫,你坐在我后面。我要去拿山中小屋里的灭火器,你跟我一起去。千穗,车子看来是没有漏油,你能不能在这里等我呢?我会在十分钟内回来,如果发生什么事的话,你就离开现场。"

千穗用清晰的声音说"好,我明白了",而我坐上KR的ATV,火速前往山中小屋。在行进的路上,我抓着KR,仍然无法整理脑中杂乱的思绪,心中满满是抱歉。

KR对我说:"真的是太好了,你平安无事。真是太好了。"

当时我完全不能自已,甚至不知道该如何解读她这番话的意思。我们马上抵达山中小屋,两人一起打开沉重的大门,找到灭火器后再次回到事故现场。用常理来思考,让千穗留在有可能发生火灾的地方,或许是件不合理的事。不过现在想起来,KR也许是为了借由让我参与实际的行动,让情绪无法平复的我冷静下来,才让我坐上车,一起去拿灭火器。

我看到千穗站在远方,对着归来的我们挥手,才稍微有安心的感觉。我们再次确认车子是否漏油,接着三个人一起试着将车子抬起来,但实在太重了。KR的家人正在隔壁城镇采买物品,她打电话给他们,向他们说明情况,请他们返回家里。但车子开得再快,从隔壁城镇到这里至少也要一小时。这时,我的脑中依然充满着后悔、抱歉与羞耻,这些想法不停盘旋在心里。

在悲伤的记忆之中

我把大家的行程都打乱了,还让大家置身于危险当中,也破坏了昂贵的物品和宝贵的树木,更浪费了大家的时间,我感到非常丢脸,也觉得很抱歉。我能做的只有道歉,甚至连道歉都令我感到羞愧。我道了太多的歉,脑子都变得怪怪的了。即使如此,仍然再次对KR及千穗说:"真的很对不起。"

KR收起手机,走到我和千穗身边,对我们说:

"OK,我知道了。在大家回来之前,我们就先待在这里吧。我们现在必须在这个现场清理。刚刚这里发生的,肯定不光只有这次的事情。我们一定都有些记忆,是必须由这块土地、这个地点来抚平的,我想这点我们三个人都一样。我们现在应该都觉得很震撼,要是尤尼希皮里体验到这强烈的震撼,放着不去清理的话,我们就会失去原本的生气。"

KR直接一屁股坐在土上,把腿盘了起来,千穗也坐了下来,而我也跟着照做。我们三个人围成一个圆圈坐在一起,大家都沉默不语。

我首先清理了心中发狂般不断重复的"非常抱歉"。犯了这样的错,道歉是理所当然的,但我体验到的后悔、恐惧与歉意,实在是把整个人都压得喘不过气来。在这种状态下,我没办法着手做该做的事,什么都做不了。

"尤尼希皮里,刚才真的很可怕对吧?而且也很丢脸对吧?虽然我不知道这是什么样的记忆,但我们还是一起来清理那些造成这件事发生的记忆吧。谢谢你,对不起,请原谅,我爱你。"

当我不断重复这么说之后,突然想起许多事,那些全都是跟这份情绪有相同性质的体验。事情发生在我还小的时候,当时与母亲有往来的一个外国企业家,主办了一个家庭露营活动,而我们前往参加。形形色色住在日本的美国人携家带眷,在轻井泽的露营区度过三天的时光。当时我还不习惯这样的团体活动,加上只有我们家是单亲家庭,而且又是东方人的面孔,所以我感觉很不自在。白天大人跟小孩都聚在草坪上,大家吃吃喝喝,玩球和飞盘。母亲和她的朋友交谈,我和弟弟无事可做,就到人少的地方玩传接球的游戏。我们玩得太忘我,结果把球丢到很远的地方,直接打中一位站在树下的女性。我心想闯祸了,于是打算立刻跑过去跟她道歉,然而,人都还没过去,那名女性就直接大骂。声音之大,连远方都听得见,还边骂边朝我跑过来,涨红脸指责我的不是。当时我还不太会说英文,我紧张地不断向她道歉,对她说:"埃姆搜哩,埃姆搜哩。(I'm sorry. I'm sorry.)"年幼的弟弟则在旁边哭。周围的大人安抚那位不断大骂的女性时,我的母亲现身了。她护着我们,先是为我们丢球砸到那位女性而道歉,之后接着对她说:"但是你也不需要那么生气吧?"反而跟对方吵了起来。这件事让我觉得羞耻,加上大人吵架又令我感到恐惧,因此就有种很难继续在这地方待下去的感觉。剩下的两天,我都在非常痛苦的心情下度过,我觉得糟蹋了大家宝贵的时间,而且母亲在百忙之中特地带我们来这里,我却让她留下不好的回忆,实在很糟糕。

还有,小学的时候,放学后我总是跟一个朋友一起玩。有一天我受邀到她家,她们家十分气派,家中放着我从未见过的美丽花瓶、摆饰以及绘画。到了点心时间,朋友的妈妈亲手做了苹果派给我们吃,当时我第一次尝到那种味道。一开始我因为到了不习惯的环境而有些紧张,不过渐渐玩开之后就放松下来。朋友很会玩剑球,因此她们家有很多剑球,我们就一起在桌上玩,但我的剑球没有套中,就这样直接撞上桌子,发出了咚的一声。而这时她母亲立刻从厨房跑了过来,高声对我们说:"这桌子上个星期刚买的!你们到外面去玩!"朋友们一边叹气一边走到外面。当时我们住的家里没有一样昂贵的家具,所以当我破坏人家家里的东西时,觉得自己闯下了很大的祸,我还用小脑袋瓜思考到底该怎么赔偿才好。总之,之后她们再也没有找我去她们家了。

还有一件事,也是发生在小学。外婆的公寓楼下有个公园,有一天我跟弟弟和他同学以及同学的妹妹一起玩。弟弟的同学带了滑板过来,让他妹妹溜。就在我玩其他游戏的时候,突然传来哇哇大哭的声音。原来是同学的妹妹玩滑板时跌倒,脸撞到旁边的扶手。她的眼睛旁边割伤了,血微微渗了出来。当时四周都没有大人,而且他们家也有一点远,要过一个长长的坡道,妹妹又一直喊痛,哭个不停,于是我们暂且把她带到外婆家。外婆走遍世界各地,自学了现在所谓的自然疗法,在她的影响之下,我母亲和其兄弟姊妹当然不用说,而我和弟弟这些孙子辈的,从小就没有擦过市面贩卖的药,感冒若没严重到一定程度,也不会吃感冒药。外婆家里放满了各式各样的药草,我们一直都用这些药物来治疗伤口与疾病。外婆不论是外表还是想法都有点奇特，我以前真心觉得她是一个女巫，我相信外婆一定能让妹妹的伤口变得不痛，因此把他们带到外婆家。外婆看了女生的伤口后，摸了摸她的头说："你放心，马上就不痛了。"外婆先用水冲洗伤口，接着再将一种黑黑干干的草和白色粉末，加水溶解后混合在一起，在伤口涂上薄薄的一层。女孩的情绪也平静下来，说"我已经不痛了"，于是我们又回到公园玩到天黑。然而，那天晚上女生的父母突然闯到我们家，对母亲大发雷霆说："你们到底涂了什么东西？要是女孩子脸上留疤怎么办！"母亲也是这时才知道有这件事，她问清楚情形后，先向对方父母道歉，接着再说明那是天然的东西，不会对人体有害，如果对方方便的话希望能与他们一同前往医院。而对方父母过了一会儿也冷静下来，就回去了，但我又再次感觉自己铸下大错，心脏狂跳。后来在学校看到那个女生时，我还确认她脸上有没有留下疤痕，确定没有伤疤时，整个人才安心下来。虽然我现在已经长大，能够明白在这事件当中，没有任何一个人的反应与行为是错的，但我采取的行动让周遭的人那么惊讶、生气；而我引以为豪的外婆所做的事，对我来说是那么的理所当然,没想到对别人来说却是件夸张的事,这些事化作一种痛苦、难受的感觉,在心里复苏。

各种各样的记忆伴随着真实的回忆,鲜明地涌现在心头,心脏像云霄飞车一样晃动。我一边把这些事全都告诉尤尼希皮里,一边不断清理。虽然我不知道刚才发生的是否就是这些所造成的,但我突然察觉到,其实自己一直都有点心惊胆战地环视置身的环境,小心翼翼地注意四周,避免引起什么问题。即使我想到一些对对方有帮助的事物,也会特意让自己不说出口。因为我觉得要是对方讨厌这些意见的话,对方会生气。这样的情况一直持续到我遇见荷欧波诺波诺为止,甚至连现在也如此,这已经成为我身体的一种习惯。另外,因为在我身上发生过这些事,令我感到非常害怕,所以当自己的东西受到别人破坏,或是遭遇痛苦的事情时,我也会说"没事、没事",过度装作不在意,假装什么事都没有。我想起心里的小小痛楚,一一加以清理。

我终于平静下来,再次环顾四周,眼前的光景跟刚刚看到的一样,仍然是有些异样的景色,ATV倒在路边,树木折断了,旁边坐着KR和千穗,尽管如此,我却已经冷静下来。我先感谢没有任何人受伤,再者,虽然说发生了这样的状况,但却很幸运身边有其他人在,甚至还有亲友会来帮助我,而且,我也感觉心中有着"一旦发生什么万一,就尽最大的能力进行支持,并做我该做的事"的意志。就在这时,心情平静了下来。

KR仿佛看透了我的内心,在一个恰当的时间点,对我们说:"大家说一说刚刚自己体验到了什么。我们一起来清理。"

我对她们说出真实的心情,以及回想起的回忆。而千穗也告诉我们她刚刚的心情,告诉我们过去她所爱之人去世,以及她从中体验到的各种感受,自从那个人死后她就一直很迷惘。我们肯定都在这短短的十分钟内,清理了所有自己在这现场体验到的事情,但过了这段时间后,就该各自看着当下该看的东西了。

KR说:"我们现在终于有办法来思考自己。其实,比起其他人,我们最该关心的人是自己,但我们却有太多的记忆,因此注意力就被其他事物吸引过去,于是很难接触到真正的自己。不过,无法重视自己生命的人,是没办法拯救其他任何东西的,所以首要之务就是回归自己。

"还有,我刚才也看到此次发生的事故并非偶然,不单单只是因为某个人不小心而引起的。这地方过去应该发生过好几次事故,可能有人丧失性命,有东西受到损害,发生过一些争执,或是有过什么灾害,总之就是反复出现了许多次意外,让这块土地吓了一大跳,形成心理阴影,而现在它让我们体验到它曾经有过的体验。所以,我们现在在这里拯救自己,回到现在,回归原本的自己,就显得很重要,这块土地也会体验到我们的清理,土地也拥有记忆,而我们与它产生了共鸣。我们大家都平安无事,而且也都清理了各自心中的淤塞,回归原本零的状态。真的是太感谢了。"

土地的自我意识

不久后,远方传来了引擎声。KR 的孙子们和女婿开着 ATV 飞奔过来,他们在我眼中简直就像勇者般闪闪发光。大家一起合力将 ATV 翻过来,虽然撞到树的地方凹了进去,但我们检查车子的状态,发现车子奇迹般的并无故障。

我又重新向 ATV 翻倒的那块土地与石栗树道谢并道歉,

也向 ATV 道歉，因为我为它带来了一段痛苦的经历，而且我也是太不小心了，明明不熟悉如何驾驶，却在没有清理的情况下直接开走。此外，我也对我的尤尼希皮里道歉，因为我忘了将自己摆在第一位，当眼前发生问题时，却不断地责备自己。接着我也从心底感谢尤尼希皮里，谢谢他一直以来都体验着各式各样的感受，同时也一直跟我一起努力活着。

最后我又再次道歉，这次的道歉是在平静的状态下，并且伴随着感谢的心情。

"我制造了事故，让你们遭遇危险，真的很对不起，真的非常感谢你们救了我。"

这次我终于能够直视 KR、千穗以及所有前来帮助我的人。这时，我感受到大家接受了道歉，并告诉我，我已经获得了原谅。

接着，大家一起坐着吃 KR 带来的三明治。最后，KR 载着千穗，孙子马丁载着我，一起返回家中。

那是我们在这里最后一天的晚餐，大家一起热闹地准备着。马丁和其他孙子在练习尤克丽丽，安娜尼亚则拼命将她的绘画作品拿给专业艺术工作者千穗看。KR 和女儿凯拉烫着通心粉，同时还叫我们试吃自己做的肉酱。

一切是这么的五彩绚烂，大家自由自在地置身此处，就是一个最棒的礼物。我一想到尤尼希皮里为了让我能感觉到这些而拼命发挥作用，就觉得真是爱死他了。

KR边做晚餐边说："这块土地有许多东西喔！在我决定买下这块土地之前，我们曾经一起骑着马在森林散步，马在途中突然跑起来，我从马背上摔了下来，那时真的很可怕。因为震撼实在过于强烈，以至于那瞬间我不知道自己身在何方，不过回过神后，我听到四周传来了许多声音，这些声音来自我身陷的岩石以及周围的树木。

"'唉呀，她没事吧？是不是吓到她了？她有没有受伤啊？她是不是讨厌我们了？'

"我听得感动落泪。接着我明白，岩石为了不让我撞到头，于是就像移动了一些一样，让我刚好摔在安全的地方，再差一点就撞到头了。我就是在这时决定买下这块土地的。爱绫，它们大家都希望我们能够正确地运作，所以你现在已经不能再把脚朝向石栗树睡觉了（译注：睡觉时脚不能朝向佛坛等表示尊敬的对象）。"

大家都笑了。

我和千穗拿着啤酒走回我们的小屋。能够一边笑着一边聊这里发生的各种事情，是件非常幸福的事。睡前千穗又来我这边，用灿烂的笑容对我说：

"我们在真正的意义上活了下来。爱绫在这里，我在这里，让我觉得很开心。我确实看到了很不得了的事。"她说完紧紧将我抱住。

我怀着无比舒畅的心情进入被窝。到现在为止，曾经有谁这样原谅过我吗？尽管我已经尽我所能道歉了，但内心还是充满恐惧，在收到对方的响应之前，我会先把耳朵捂住，将内心封闭起来，或者视对方对待我的态度，像是什么都没发生一样。虽然对方仍然对我很好，但内心充满不安的我，却会一直觉得道歉并未传达到对方那儿。一直以来，我都是这样。

但这些全都是由记忆创造出来的世界，全都是我对自己所做的事。愤怒、不原谅、不在当下了结，我不断责怪自己和别人，不去肯定各自的存在，就这样任凭时间流逝，让心情跟着外界走，随着周遭事物的变化而时好时坏。但是今天的事故,却让我得以清理这些事。今天我原谅了自己。我在这起事件当中体验到的,就是荷欧波诺波诺的忏悔与原谅。我不知道过去曾经发生过什么,不过我把现在体验到的当作是自己的问题来清理。这么一来,就能够超越历史,超越我所知道的,并且彼此原谅,回到真正的自己。

我终于能在现场实际体验这个情况。但这件事并非在夏威夷的土地上才会发生,也不单纯只是因为经过KR的清理所致,也不是只要大家一起坐在地上就办得到的。其实这是在东京、在台湾、在飞机上,在任何我清理时所处的地方都会发生的事情。

在这间充满霉味的房间,我感觉自己回到了现在。我既不是小时候的我,也并非觉得大人很恐怖的我。"现在"回到了我身上。

千穗、KR、KR的家人、我在夏威夷遇到的那些人、修·蓝博士、莫娜、我在日本的家人、即将与我结婚的男朋友与他的家人、我的朋友,日本、台湾、我日后将会遇到的人与土地,这一切我全都从心底深深爱着。之后肯定有一天我又会没办法这么想,但希望当这一天到来时,仍然能够再次清理。因为我已经知道要如何清理记忆，也知道要如何找回爱了。

这座牧场到处都是石栗树，我的脚现在应该是朝向石栗树，倘若真是如此的话，实在对不起，谢谢你救了我，我爱你。

清理土地的记忆

我在闹钟响前就起床了。明明只在这座牧场待了两天，却已经感觉得出外面的草摇动的声音。因为早中晚的风向有所不同，我不禁对这样的自己感到惊讶。清理是件十分快乐的事情，越是跟潜意识的尤尼希皮里在一起，越能发现生活中每件事物的光芒，这比穿着时髦的衣服，去些热门旅游景点，更能让自己富足。

再过两个小时，我们就要离开这里，搭飞机回瓦胡岛了。尽管在这几天中，我的身心体验到各式各样的事，但却有种清爽的感觉，好像被洗涤了一样。我已经开始想念被风吹得嘎嘎作响的老旧窗户，生活在牧场的他们，那些马、牛、狗，太阳下山前和千穗一起坐在室外喝的咖啡等种种。

我一边看着早已彻底熟悉的老旧天花板，一边在心里念着"我的平静"。"我的平静"又称为结束祈祷文，这是在结束、别离时念的荷欧波诺波诺祈祷文，跟"我就是我"一样，都是莫娜通过静心得到的祈祷文。

修·蓝博士曾经对我说："只要你没有去清理记忆，就算已经离开了一块土地，你跟土地之间的关系仍然会无意识地持续下去。你的尤尼希皮里会像这样，受到各种不同存在与回放的记忆的束缚，于是他会感到非常疲惫。倘若你没有做一个结束，接下来的流动就不会运送到你身边。念这段祈祷文是为了让我们能够接触自由。"

"我"的平静
平静与你同在，所有我的平静，
平静就是"我"，平静就是"我"当下的所在，
平静常在，从现在到未来乃至永恒。
我的平静"我"给予你，我的平静"我"托付你，
不是外在世界的平静，只是我的平静，
"我"的平静。

我的平静

为了能够保有自己,也为了这块土地以及以后将接触的所有土地,我念了这段祈祷文,并尽可能清理了包含回忆在内的一切事物,和这块土地告别。借着让事情结束,而使自由运送到我这里,这点对于现在的我来说,有着好几万倍的魅力。

我们整理好行李后,前往主屋。KR 的孙子们正在放暑假,平时总是起得很晚,但当我们抵达主屋时,他们已经在等我们了。大家笑着互道再见,还聊了一下这趟旅程中的回忆。

昨天晚上我发邮件给博士,给他报告昨天发生的事,告诉他我在行车时出了意外,以及感谢 KR 和其他所有人的清理。

我一打开电子邮箱,就看到博士的回信。

致爱绫

我想跟你讲讲我昨晚发生的事。

半夜我突然醒来,本来想再继续睡,却迟迟无法入眠。

于是我试着仔细周到地思考出现在人生中的种种事物。结果，我感觉内心突然乱成一团，变得很热，简直就像火山爆发一样，我体验到超乎单一事物所能带给我的混乱。这时我做了一个实验，我把注意力朝向内心，看看这混沌到底具有什么样的形态。

尤尼希皮里立刻进入记忆的储藏库，接着我马上看到一个巨大的风暴，各种颜色、形状与话语都卷入其中，从远方看来是浓浊的灰色。现场的声音太过剧烈，激烈到已经接近无声。这风暴仿佛累积了一切能量的大山，失去了控制，而且还像磁铁一样，不断将意念吸收过去，变得越来越大。

这时我听见尤尼希皮里的声音。"这是意念的集结物，是你现在可以清理的东西。"

我按照声音所说的去做，不停念着那四句话。我在心里闭上眼睛，仔细重复念着那四句。过了一会儿，我再次睁开眼睛，风暴已经消失了。我想找却找不到，彻彻底底消失了。但我还在继续找，结果发现了一个不可思议的东西。我看到一个很像刚刚具有山形状的激烈风暴空壳，看起来就像无。这个东西极其巨大，但却是完完全全的空，成为崭新的东西。我非常讶异,也看到那里有细微的光线照了进去,发着光,水水润润的。我能够清楚看出这就是"我就是我""我来自空无显现光明"的状态。而真正的我在这片空无之中,无止境的变化形态,同时一边创造、消逝、流动并发光。而且,当我处于空的状态时,第一次看到了你、我、日本、夏威夷、房子、钱、车子、竹子、扶桑花与浪花等一切事物,都以完美的形态存在着。一切的源头都是Mana。

我从这种静心的状态中清醒过来,当我感觉到现实中的房间,并体验到身体的状态时,我彻底忘记了我的衰老,感受到一股无法言喻的幸福。

我希望你能将你的诞生用爱来理解,我也希望整个宇宙都可以体验到爱。为此我会持续不断地清理自己,因为平静从我开始。

我的平静 伊贺列卡拉

活出真正的自己

KR的女儿凯拉载我们到机场。从车窗看到的景色,有种不可思议的感觉,不像是存在于外在的事物,而像是心里的一些运作。

莫娜常说:"你发出去的所有话语、想法与行为,全都会回到自己身上。没有任何事物不属于自己。愤怒与恐惧都是为了追求爱与自由而发出的呐喊。因此,不论你看到什么,有什么样的感觉,有义务去清理的只有自己。而清理后的归零状态,看到的那些美与丰裕,都属于自己。无论你身在何处,无论你跟谁在一起,都是如此。"

我们一下子就到了机场,KR也暂时要跟女儿道别了。只要待在KR身边就能清楚明白,她从心底爱着女儿及孙子们。不过,KR一直都在清理。她会尽可能地清理心中的想念、怀念、依依不舍等一切情感,之后再与我们接触,这一点我非常清楚。这是为了让我们能够着眼于原本的工作,也是为了尽可能活出生命。KR活在一个自由即为爱的世界。

办完行李托运手续后,KR、千穗和我三个人,一起走向登机处,在确认机票的时候,只有我被查验人员拦了下来。看来我的机票和护照的名字拼法,有些许差异。我从容不迫地跟对方说:"喔,对不起,护照上的名字才是对的。"

我原本以为这样就能通过，然而，查验人员是位严谨的男性，他瞪着我。我心里莫名燃起一股怒火，觉得对方怎么能因为这点小事就把我拦下来。

KR和千穗在前面一脸担心地看着我。查验人员说其他负责人员会过来，要我在一旁等候，他找了体格壮硕的保安人员来看住我，接着就走掉了。事情为什么会演变成这样呢？

千穗和KR说过她们下午还有重要的事要处理，于是KR大声对我叫道：

"爱绫，对不起！这里的国内线很严格，都会准时起飞。我在瓦胡岛有一个契约在等我去签，非回去不可，所以我先到飞机上等你！有什么事再打给我！看来你的尤尼希皮里还想继续在这里清理。"

我不知道她最后一句话是开玩笑还是认真的，而她们真的就这样上了飞机。我心想："怎么这样！"同时也为那顽固的查验人员感到火大，但我想起这星期以来，我是来夏威夷做什么的。我是来见那些曾经待在莫娜身边的人，他们一直使用荷欧波诺波诺来活出自己的人生，我一边聆听这些人

的智慧,一边拼命清理了自己,不是吗?现在正是个好机会!莫娜这时肯定正在某处呢喃:

"没有任何一个东西存在于你之外,愤怒与恐惧都是追求爱与自由而发出的呐喊。就连现在这一刻,也是特别为你准备、能够帮助你活出自己的好机会。"

要清理?还是不要清理?我一直都能自由选择。看我要清理感觉正在威吓我的男性,并遇见前所未见的自己呢?抑或是沉溺于愤怒的情绪当中?

我选择清理。因为,我已经知道要如何继续这趟活出真正的自己之旅了。

另一位查验人员从远方走了过来。我看到远处有宽广的蓝天,以及在这趟旅程中不断看到的熔岩,熔岩正闪耀着黑色的光芒。

我的内心已经逐渐爽朗起来,并开始找回平静。

我要和真正的自己一起生活下去。

我的荷欧波诺波诺之旅还会一直持续下去。

平静,原本就存在于内在。

第八章
KR与吉本芭娜娜的荷欧波诺波诺对谈

爱绫：这次的对谈距离上次在《零极限的美好生活：世上清理最久的人教你时刻体验四句话的神奇》，已经有4年了。我跟两位一直以来也在夏威夷和日本见过好几次面，这次能够再见到两位，我也非常高兴。

KR女士和芭娜娜女士都曾改变了我对女性的观念。我原本一直对女性之间的人际关系抱有偏见，认为女性总是依赖他人或被他人依赖，而我也一直有这样的体验。但是自从遇到两位以后，一开始体验到的是一种被你们硬生生推开的感觉，有时候甚至还觉得"我好孤单、你们真是冷淡"。不过，当我们见了几次面后，我开始发现你们并不是将我推开，而是尊重我，把我当作一个独立的自我意识来看待，只是我还不习惯这种感觉，所以一开始会有点落寞。现在我由衷地感谢你们，而且也好喜欢你们。我希望能将这种感觉也扩展到我跟家人、情人和朋友的关系当中。

这次的访谈要请我从心底尊敬的两位，谈谈通过清理而让自己成为一个独立的个体，究竟是怎么一回事。

芭娜娜： 在这之前我想先说一下。平良贝蒂小姐（爱绫的母亲）的口译真的很棒，总是让我叹为观止，选字选得真好！好像诗一样！

KR： 因为贝蒂和我是双胞胎，所以我们配合默契！

芭娜娜： 这对是双胞胎，那对是母女。原来如此，我懂了。

KR： 那我们回到主题上。因为现在要讲的是荷欧波诺波诺回归自性法，所以说，爱绫之所以会有这个体验，并不是因为我做了什么的缘故，而是因为你自己清理了，所以才会出现这种体验。这真的很棒。

爱绫： 只要和你们两个人在一起，我就会想到清理，所以常常能产生自信。

KR： 这是属于你自己的美好体验，我能做的也只有尽我所能去清理而已。

芭娜娜：在现在这个当下清理这个房间（讲谈社接待室）。

爱绫：芭娜娜可不可以跟我们分享一下，最近你通过清理发生了什么事？

芭娜娜：我看过这本书的采访原稿，我觉得这是一本很棒的书。因为，当我们长期持续实践荷欧波诺波诺后，心里一定会至少出现过一次这样的疑问——我是不是陷入了一种非人类的状态？我是不是丧失了人类的情感？这本书就回答了这个问题。我想只要是一直持续清理的人，一定都有过一次这种想法，而当我在这本书触碰到莫娜女士的为人后，就找到了问题的答案。

我的工作是写小说，所以有时候会进入一种侦探的状态。简单来说，我会化身为另一种样貌，进入人的心里取材，接着再回归原本的自己。这个行为有很高的风险，是很危险的。视情况，有时也需要用到演员般的演技，而且有时候对心灵也有很大的负担。当然，我一直都觉得能够知道清理的方法实在太好了。

爱绫：我一直以来也常常看到人们用亲情的力量彼此支

持,而我自己一路走来也多亏了亲情的力量。家人间的情谊,的确会带给我们安心以及好的影响,但是,人们往往也容易受这种情感的牵制,迷失自己原本该做的。我知道荷欧波诺波诺对这种情况很有帮助,只要活在这世上,就一定会处在许多变化中,会不断接触形形色色的人事物,因此我会让自己在不带感情的状态下与对方接触,结果往往演变为互相伤害的局面。不过这种情况,大多都是发生在没有清理的时候。现在我也还是一边实践着荷欧波诺波诺,一边学习掌握其中的平衡。

我从KR那里学到了很多。老实说,在讲座等各种不同的场合,有很多情景乍看之下都会让我觉得:"好冷淡喔,这么干脆就结束了啊?"但是,如果再把时间拉远一点,当我之后再遇到当时的那个人时,就会发现对方变得很有精神,有精神到我认不出来。这就像KR和芭娜娜给我的感觉一样,你们肯定是信赖对方拥有的实力,所以,即使当下会令人觉得落寞,但却有可能让人因此产生一股力量,从内心深处滚滚涌出来,并因此恢复生气。

KR: 这个形容方式蛮有趣的。我总是一直强调,我的责任只是清理内在体验到的事物而已。刚刚芭娜娜提到她在工作时,有时候会变得像侦探,而我自己在进行个人咨询和身体工作时也一样。要是在没有清理的状态下,就闯入对方的领域,任由情感被对方牵着走,也是件非常危险的事。忽视内在的情感,跟接纳内在出现的情感并清理,是完全不同的两回事。清理而保有真正的自己,对我来说是首要之务。我年轻时曾经在海滩做过救生员的工作。当眼前有人溺水,对方不断沉到海里时,要是我也跟过去的话,最后两人都会死掉。同样的,这时也一样要找回自己,把自己的工作放在中心,做当下该做的,把溺水的人拉上来。

我在咨询时接触到许多人,当我出现"这也实在太可怜了吧""我一定要想办法帮助他"的体验时,对我来说就是一个清理的讯号。

爱绫:我总觉得我是情感丰富、很容易哭的那种人,但我相对地也有很无情的一面。有时候我会轻易结束彼此的关系,觉得"我都已经做到这个地步了,如果对方还是无法互相理解的话,那就不用再说了"。虽然我以前以为都已经自行结束某段关系了,可是刚刚我才发觉,其实当我对对方还存在各种想法、同情、怒气、恨意的时候，关系就仍然持续着。所以，要是感觉到自己对对方有什么想法的话，就要清理。

刚刚我形容KR乍看之下很冷淡、干脆，有一次就发生过这样一件事。在一次演讲时，一位上了年纪的女士想见KR，她有点兴奋地朝KR跑去。女士终于见到KR，非常高兴，但这时KR并没有配合她的情绪，反而对她说："你想喝水对不对？"我怎么看都看不出那位女士想喝水，但她听了这句话后，就乖乖地喝了会场提供的水，这景象让我很感动。KR总是在看一个人"生命部分"想要的东西，而不是看表面。而我只看到了"这个人终于能跟KR见面，应该很高兴"。

KR：哇！有这回事吗？对不起，我已经忘记有这件事了。不过莫娜曾经对我说："你不知道你面前正在笑的这个人，他潜意识的部分现在正体验着什么。就因为这样，才要先清理自己，因为尤尼希皮里跟尤尼希皮里之间是没有秘密的，所以当你这么做了以后，就会听到对方真正想讲的事情了。"你就能找回和对方之间的完美节奏。

爱绫：之前有一次我有幸和芭娜娜一起在下北泽用餐，那时我就体验到这种感觉。芭娜娜毕竟是名人，当时我听到旁边的客人说"咦，那是不是吉本芭娜娜"之类的话。

芭娜娜：不是啦，我不是名人，应该只是因为我一直在附近用餐，所以附近的人几乎都认识我而已。

爱绫：不过当时周围的人七嘴八舌，还有人直接过来问："你是吉本芭娜娜吗？"我觉得那时芭娜娜的反应跟KR刚刚说的是相通的。其实你们也知道对方是希望能从你们这里得到响应，但你们却不会勉强自己跟对方装熟，而是用发自内心的话来响应对方，让整个现场在那一瞬间安静了下来。第一次见面的两个人能够这么真诚地互动，并不像在交涉，没有谁输谁赢的区别。虽然那些发生在两位身上的事，不会发生在我身上，但我希望与家人和朋友相处的时候，也能够用这种态度去对待他们。当对方希望能从我这边得到一些响应时，如果我能先找回自己，将对方视为完美的人，去尊重对方的话，事情就会开始出现一些改变。我想若不是每天要求自己持续清理的话，是没办法在那一瞬间应对上，表现得那么舒服自在的。关于这一点，我想请你们告诉我其中的秘诀。

KR：清理！

芭娜娜：真不愧是 KR。不过，我觉得如果要让读者能够明白，应该还是要讲得具体一点才行。那就由我来说明一下，不过可能会有点长。

爱绫：那就麻烦芭娜娜来为我们说明。

何谓互相清理

芭娜娜：我和猫狗一起生活，其实它们也是会说谎的，像是"我都没吃东西""我还没散步"等，但它们不会假装。简单来说，它们不会因为希望我多去理它们，就装可爱，或是希望我喜欢它们，就一直称赞我。它们不会说"你今天的发型很好看"，它们光是待在我身边，我就能清楚感受到我们之间存在着某种可贵的连结。我有时候会想，其实人跟人之间不也该如此吗？但这真的很困难，只要不去清理内在，就很难办到。因为人类这种生物，基本上都会欺骗自己，也会欺骗别人。我不知道这种情况是从哪个阶段开始出现的，但我想这已经深入了人类的本性。

举一个我自己的例子，基本上我认为我看不到鬼，当别人问我这个问题时，我也都会回答"我看不到鬼"。不过前阵子去箱根的时候，住了一间非常老旧的旅馆。那里的大厅很暗，还有一个暖炉。半夜经过那里时，突然感觉好像有很多人在那儿，那时我当然清理了。于是，我的眼前陆续出现很多戴着安全帽的人。我心想"喔，因为这里是箱根嘛"。当时我并不觉得可怕，只是明白："喔，原来这个人是因为这去世的，但大厅平时很热闹，太热闹的话他们很难待下去，所以才会刚好在这种暗暗的时候出现。"这时我并不会特别去想"他们徘徊在这种地方真是可怜"，而那些人也没有对我说："喂、喂，听我说！""救救我！"我们双方就只是纯粹打了个照面而已。原来与不断清理的人相处，会是这种感觉。而这时我便想，要是活着的人也可以这样该多好。但这种事还是很难达成，为什么人类就没办法像动物和鬼一样呢？我想，要是把这件事告诉那些对荷欧波诺波诺没兴趣的人，对方一定会回我"反正我也不想跟鬼和动物一起生活，所以跟我一点关系也没有"。的确是这样，不过，要是人跟人之间，彼此也都能清理自己，表现出真正的自己，那么，就能达到这种状态了，而这也是我自己的期盼。

KR： 芭娜娜讲得很具体，让人非常容易理解。我在任何情况下，都会让自己在保有真正的自己的状态下去跟人、物、土地接触，这对我来说是件必要且不可或缺的事。而在处理不动产时，当我接触到一些很难沟通的承租商，也会忍不住想："这种充满摩擦的感觉，怎么可能存在于我之内，一定是对方的问题！"但是，要是将这种想法置之不理，就会化为一种痛楚，不断在内心扩散开来。所以，还是只有不断清理才行。

爱绫： 在我待在 KR 牧场的那段时间，有一天早上我看到这样的情景。有一群超级壮硕、浑身肌肉的男性，从附近的牧场，应该说，从那片广袤土地邻接的牧场，来到 KR 的家。虽然我听不到他们的谈话内容，但似乎是来讨论牧场的事。这时候，房子里除了 KR 的孙子以外，其他人全部都是女生。我心里忐忑不安，因为对方的体型实在太大了。我很清楚 KR 在与他们谈话时，一直在清理。KR 并没有因为自己是女性，就用温柔婉约的步伐走路，也没有故意装出一副雄赳赳的样子，我想 KR 当时肯定只是单纯地清理，跟平时给人的感觉一模一样。结果就在下一刻，那三位男性先前的压迫感全都消失了，感觉每个人都是完全平等的人类，在那之后便持续和睦地交谈。当然这也有可能是因为我自己也清理了，所以看起来才出现变化，不过当时真的觉得好厉害。

KR：这很有意思吧。我长年也一直在清理性别，等我意识到的时候，发现只要没去清理，就会自然受到外物的影响，变得不像自己，像变了一个人一样，同时也会看不清楚对方。

爱绫：我想每天都会有很多人来找KR和芭娜娜。这些人的职业、年龄、背景，甚至连国籍可能都各不相同，在跟这些人接触的时候，应该多少都会遇到一些跟自己合不来的人，或是难相处的人。这个时候，两位是如何清理，如何将自己维持在最佳状态的呢？

我真正的家

KR：以我自己的情况来说，我在做个人咨询时，会遇到有些人拥有一些我不太会有的想法，或是采取一些我绝对不会采取的生活方式。在这种情况下，我会想"不管这个人表面上看起来怎样，反正我只要清理"，并且再次想起"这个人是来带给我清理机会的"，这么一来，就能轻易回到平时的自己。我想这一点跟刚刚芭娜娜说的鬼魂是一样的道理。"啊，你在这里啊，现在的情况在我眼里看起来是这样，那我现在就尽可能地清理"，就是抱着这样的心态。

莫娜有一次对我说："你之所以会觉得荷欧波诺波诺对你的人生来说是必要的，觉得你的生活方式因为荷欧波诺波诺的关系而渐渐改变，并且开始每天实践，是因为有某些人在某处给了你一些东西，于是让你有这样的想法。虽然这些人不会一直用言语告诉你，但他们都是你要获得这些体验不可或缺的人。就像每次我跟你在一起的时候，也都会清理一样。你一定也能对遇到的人做一样的事，而且你也会想要这么做。这就像是传递接力棒，只要你在面对人生中的人、事、物，能够去清理体验，就能让这场荷欧波诺波诺的接力赛永远持续下去。因为大家其实都只是想回到自己真正的家。"

当时莫娜边说边做出传递接力棒的动作，那个模样我到现在还记得很清楚。

爱绫：荷欧波诺波诺让我明白，虽然我们表面上对彼此说"给我那个""给我这个""我想要这么做""我想要那么做"，但其实我们本质都只是想回到自己的家而已。我常常会迷失这一点，所以只要待在从不迷失的 KR 身边，就会感觉她很重视我的自尊。

KR：我要是没有清理的话，也会经常迷失自己。

爱绫：芭娜娜在签名会和演讲之类的活动上，也会遇到各式各样的人，在这种时候，有没有什么特别注意的地方？

芭娜娜：对我来说，跟鬼相处还比较轻松。跟人相处的话，我有时也会像刚刚爱绫讲的那样，一不小心就迷失了本质。当我眼前出现一些时运不济、很可怜的人，或是一些过于富有魅力、很引人注目的存在时，也就是说，当我遇到一些跟当下环境并不相称的人时，内心终究还是会受到影响。但是我从某个时候开始深信，我们活着的目的只有 KR 提到的"回家"，以及成为自己。从那时开始，我便一直实践荷欧波诺波诺，也感觉自己出现了一些变化。

我想要是以前，当我住在那家旧旅馆，遇到那些存在的时候，内心一定会十分动摇，可能会感到非常害怕，或是拼命逞强，也可能会想："是不是应该听他们说话才好？"这世上大部分人，认为人生本来就会不断发生这里所说的这种动摇。我觉得就是因为大家这样想，所以人际关系才会出现问题。不过，若想让自己与其他人察觉到这一点，还是唯有在各种状况下，不断努力找回自己才行。我们能为别人做的，原本就只有尽可能每分每秒呈现出真正的自己而已。

KR：太棒了。呈现出真正的自己，就是一件充满力量的事。

芭娜娜：是的。爱绫在这本书里写了一些她自己的体验，而我也有过相同的体验。我认识一位超能力者，他会折弯汤匙，这个人非常有名，不过之后发生了一起事件，让他变得不再有名。他其实是个非常好的人，但后来却做了件不好的事，结果反而因为这样而再次变有名。我们很少见面，大概十年才见一次，有次刚好有机会到他家玩，我和他、他的朋友以及他太太聊得十分开心。当我们要道别时，我在他家门口，用快乐的心对他们说："感谢你们的招待！"而这时我与他眼神交会，相互拥抱。结果不知道为什么，我们双方都流下好多泪。我在搭电梯时,心想:"奇怪,为什么我会流眼泪呢?"这时我想,原来清理就是这么一回事。也就是说,在那个状况发生的前后,我不抱着任何情感。其实他在那之后又发生了更严重的事情,但我因为有了那次体验,所以在下次事件发生时,不会再对他做出任何判断。不知道为什么,我觉得当时的体验非常棒,于是心里变得很舒畅,心想"啊!其实只要这样就好了"。我不用一直说"你做出这种事,所以你这个人不好""但你真的有超能力""祝你们夫妻愉快",我不需要对自己这样说,也不需要对对方那样说。我发觉在清理的过程中,会在对的时候发生对的事情,而淤塞或肿瘤般的事物,总有一天会消失。

清理祖先很重要

爱绫: 在芭娜娜所写的《仅仅是消除那些小小的坏心眼》这本书当中,提到芭娜娜的父亲去世的那一段,我看了深深感动。让我感动的地方是芭娜娜和父亲交织出的深刻的父女关系,以及借由临终前的互动,让父亲与祖母之间的关系,能够重组,重新粉刷,并写上新的文字。书中还写道,这对于日后还将一直延续下去的芭娜娜一族来说，也会是一件很重要的事情。

荷欧波诺波诺认为清理祖先很重要，同时也认为清理现在的各种事物，也会对自己未来的子孙产生很大的影响。我想芭娜娜跟父亲之间的体验，就是一个很具体的例子。

芭娜娜：我的父亲没有什么欲望，又勤于工作，所以收入足以应付所需，顺利安享天年。但我的内在却有企业家的部分在，曾经有段时间对这点感到很自卑。但是在我去查家族史的时候，知道曾祖父曾经是个企业家，当我真正了解到这一点时，就明白内在的部分并不是什么不好的事。但是，当我单独看父亲和我之间的情况时，我还是很难把这件事看作是好事。其实我想说的是，只要一想到"光是我们祖孙这三代，就有这么多事情，所以我到底在无意识中背负了多少事啊"，便会深深感受到，要改变历史只有从现在开始，能够清理记忆的就只有现在了。如果不从现在开始做起，就会再传送到之后的人那里。人类就是一直不断重复这样的事情。我和父亲之间发生的事，让我深深体会到这一点。

爱绫：我的家族规模算是比较小的，追溯家族史也找不到什么明确的数据，或者应该说我们没有祖先。

芭娜娜： 不不不，祖先确实是存在的！只是你们不知道而已。

爱绫： 哈哈哈，对啊，只是我们不知道而已，所有人类都有祖先。但是，从前每当我听到别人说起祖先的时候，心里都没有什么概念，隐约觉得这种事跟自己没有关系。但是荷欧波诺波诺认为清理祖先很重要，再说，就像芭娜娜说的，光是曾祖父那一代就有那么多清理的机会，代表记忆的数量超乎我们想象。因此，我感觉自己好像可以预见，只要不断努力清理现在体验到的我与父母之间的事情，以及"我不太了解我们的祖先，感觉有点寂寞"的心情，就能为过去和未来带来变化。

芭娜娜： 我跟父亲之间的事很好理解，不过还有我母亲。我母亲也跟父亲在同一年去世，有一天我在卧病在床的母亲身旁，她的状况非常糟，这时我做了所有能做的，擦汗、调节空调温度、准备开水等。这时我不知道为什么突然明白，母亲将不久于人世。于是我清理了这个想法，就在这时，母亲突然对我说："你快想想办法！"她一直重复说：

"你快想想办法！"这时我从心底觉得"这表示我已经再也想不到任何办法了"，而我也只能接受束手无策的事实。假如当时我的内心逃往一个不同的方向，或是对自己隐瞒了事实，我想在母亲去世的时候，我会感到非常后悔。不过当时的我并没有逃避，我想这就是清理的结果。虽然我不知道当时所说的"谢谢你"是否也发自内心，但总之，当下我在心里不断重复"谢谢你"这句清理的话，并离开了那个地方。我的母亲在那之后又活了三个月左右，但对我来说，那时跟母亲相处的那段时光，对我们两人来说就是最后的时刻。而在那最后，我能够用"谢谢你"来清理，直到现在依然给我大大的鼓舞。

KR：这真是太棒了。不去隐藏自己当下的反应与感受，能够坦率面对，就是荷欧波诺波诺带给我们名为自由的礼物。这样便能让一切存在，都回归原本的节奏，就算是亲子也一样。

我在父母眼中是女儿，在兄弟姐妹眼中是老幺，在小孩眼中是个母亲，在孙子眼中是奶奶。这件事总是让我感到吃惊，我这个存在竟然可以扮演这么多的角色。在清理这份体验的时候，也能清理到我的祖先。而关于家人，我也一直都很注重清理彼此之间的关系。我的小孩两岁的时候，他跟我的相处方式，跟他现在成年当上父母时跟我相处的方式，有了明显的变化。因此，只要我不断在每个时期进行清理，大家就能自由运作。而包含祖先和未来的子孙在内的庞大族谱所累积的记忆，也会因而获得解放。

爱绫： 最近我突然觉得，父母的年纪真的大了，每当这时候，就会觉得很难过，也会感到恐惧，很怕他们有一天会离开我。我的内心仍然无法平静下来，不知道自己是否能像芭娜娜那样，在体验到父母临终的那一刻，还能那么忠于自己。但是，我想不光只是家人，只要是所爱的人突然死去，一定会涌现各种心情，觉得"真希望他能怎么样""或许就是因为有这种事情，所以他才不会幸福"，甚至连清理也办不到。不过，像芭娜娜说的，她即使当下无法由衷想着"谢谢你"，也还是有办法清理，我觉得这实在很厉害，我也从心底希望自己可以达到这个境界。

KR： 讲得太好了！而且，你现在马上就能做这样的清理。你已经察觉到这些事，所以现在就有办法清理这些"很恐怖""依依不舍""光想着就快哭出来了"的体验，这样真的很棒。

爱绫：是的。听了两位的话以后，我发觉未来已经从现在开始。或许现在我在清理自己的时候，就已经在改变以后的家人和子孙的未来了。

KR：没错，就是这样！首先要从自己开始。亲子关系也一样，父母生小孩并不是为了要掌控他。就算我认为做某件事是为孩子好，但追究其中真正的原因，究竟是真的希望小孩健康快乐，还是其实是来自祖先那代传下来的恐惧或仇恨的记忆？事实上我并不清楚。所以，无论何时，无论你是学生或是谁的小孩，即便做了父母，只要清理现在的想法，就能回归真正的自己。荷欧波诺波诺将这形容为回到神性智慧的节奏中，而只要我能回归真正的自己，我和小孩之间的记忆就会归零，同时孩子也能回归真正的自己。也就是说，我身为母亲，职责就是清理自己，让孩子回到神性智慧中。

即便不做任何事也可以很开心

爱绫：当我听到"让我的小孩回到神性智慧那里"这句

话时,我感觉有点落寞,好像必须道别一样。但是听了刚刚的一席话后,我对这句话的印象转变成一种更加自由、开放、各种可能性都能成真的感觉。对我来说,芭娜娜和她的儿子实在是对自由自在的母子,跟他们相处起来很开心。我还没有当过妈妈,而且我想自己也有非常多记忆,但我觉得这领域对我来说太陌生,因此从小就不太会跟别的亲子相处。虽然我非常喜欢小孩,但是当小孩的父母也在的时候,我会觉得有很多事情是不能做的,要是不知不觉做了的话就糟了。具体来说,像是我想抱抱小孩,可是小孩的妈妈可能并不愿意之类,我会对这样的很多事过度在意。不过芭娜娜母子却不会给我这种感觉。可能是因为我见到芭娜娜的时候,便会自然想起清理,所以不太会出现这种判断,关于这一点,芭娜娜有什么想法吗?

芭娜娜:这本书里有一段提到,转化是成对出现的,对吧?我觉得就跟这有关。只要有开心的事情,就一定会存在相反的部分。开心的部分越大,代表相反的部分也越大。反过来说也一样,假设有一对亲子因为一件事对小孩不好,因此这个也不做,那个也不做,他们的范围就会变得很小,成对的部分也不会变大。所以爱绫也是从这种让你感到紧张的亲子那里，感受到狭窄的感觉吧？爱绫的内在应该是希望这范围能更大、更开扩。我想你应该是透过这样的体验而感觉到，即使不好的部分变大也没关系，总之就是想看看新的、想要摆脱记忆的束缚。也就是说，你希望充分了解各种存在，以及所有能感觉到的事物。

爱绫：或许是这样。

KR：说的真好！

芭娜娜：还有，不知道为什么，我一直觉得年纪比我小的年轻一代，对开心的事物有种强烈的中毒的情况。虽然说，我能做的也只有不断清理内在，不过，我察觉现今社会普遍存在这样的现象，大家觉得若不是非常开心就称不上是开心，觉得发出越大的声音喧闹表示越好。我最近开始希望能用各种方式告诉大家，即便不做任何事也可以很开心，开心是种深刻细腻的感觉。

爱绫：我自己在运用荷欧波诺波诺后感受到的变化，特别是在跟母亲的关系上，看到了很大的变化。妈妈接触了荷欧波诺波诺后，渐渐变得越来越自由，而在这过程当中，我也慢慢找回了原本的自己；就算和母亲在一起，我也能展现出自己真正的样子。另一方面，就像芭娜娜提到的，现代年轻人的内心只会对那些浅显易懂的快乐有反应，我想我内心肯定也有这部分。之所以会这么说，是因为以前和母亲在一起的时候，我们不像连续剧常见的那种朋友般的母女，所以其实在心里的角落，一直认定我们的感情不太好。

芭娜娜：喔，是像这样吧？"爱绫你回来啦！你要吃什么？你怎么啦？"简直贝蒂变成另一个人！

爱绫：对，我之前就用"是否每天开朗地对我说这些话"来判断我们的感情是好还是不好。在我实际感受到和母亲在一起的感觉之前，就先去和其他人比较，然后认定我们家跟其他人不一样，不是欢乐型的。多亏了清理，这种想法因而得以解除，现在就算我们两人躺在沙发上，吃着自己喜欢的零食，不发一语地窝在那里，顶多只讲两三句话，也会觉得很快乐，心里感到非常满足。但是下一秒又会开始吵架……

一切都是潜意识的运作

芭娜娜：在我开始实践荷欧波诺波诺以后，实际感受到不好的事情确实变多了，但开心的事也变得更加丰富，感觉整体的范围变得更大。不过若想要扩展，就必须将自己置于中心，而且还必须消除自我才行，所以我觉得人生好像是在不断实践着这些。

很多人实行荷欧波诺波诺是为了让好事发生，但我却不这么想，我一直觉得清理就是不断让自己回到中心。只要处于中心，人生就会自然变得越来越广阔。

KR：莫娜常说，我们不知道一个正在大笑的人，他的内在实际上正发生着什么样的事情。就像刚才芭娜娜说的，无论何时都将自己置于中心，不断让自己归零，就是一切事物的开始，而我们得回到这样的状态当中。

只要清理现在发生的事，就能够回到中心。像现在，我就一直在清理日文和英文。

爱绫：我订阅了芭娜娜的博客，里面写的包括荷欧波诺波诺在内的各种活出自己的诀窍与思考方式，我一直都在看。

芭娜娜：虽然我这样说可能会有语病，不过，假如身上不带任何武器，就这样走在人生道路上的话，我想我会丧失一些很重要的东西，就像莫娜前世因为遣返灵魂失败而去世那样。在我开始实践荷欧波诺波诺以后，我觉得"这方法真是太好了"，还有"这方法很实在"，全都是潜意识的运作。虽然世上有许多学派、学说，但所有学说都会叫人清理潜意识。我感觉所有的派别都在说，人类有办法做的只有这件事。实践荷欧波诺波诺回归自性法，是件很合理的事；像是一个不会游泳的人到海边玩，会带着游泳圈下水一样，就是这么普通的事情。我想这点对大部分人来说都一样。

KR：对我来说也一样。荷欧波诺波诺就像是个急难救生包。

爱绫：到现在为止，我好几次从吉本芭娜娜的作品，以及KR分享的荷欧波诺波诺的诀窍中，学到如何活出自己。今天很荣幸有这个机会，让这次夏威夷采访中得到的许多经验与智慧，借由与两位的对谈，变得更能活用在现实生活中。芭娜娜小姐、KR女士，谢谢你们今天带给我一段魔法般的时光。

吉本芭娜娜

1964年生于东京。日本大学艺术学院文艺学系毕业。

1987年以《我爱厨房》获得第六届海燕新人文学奖，正式踏入文坛。

1988年以《月光阴影》获得第16届泉镜花文学奖。

1989年以《厨房》《泡沫／圣域》获得第39届艺术选奖文部大臣新人奖，同年以《鸫》获得第二届山本周五郎奖，1995年以《甘露》获得第五届紫式部文学奖，2000年以《不伦与南美》获得第十届法国双叟文学奖（由安野光雅评选）。

著作获海外三十多国翻译并出版，在意大利先后于1993年获得思康诺奖，1996年获得Fendissime文学奖（35岁以下组别），1999年获得银面具奖，2011年获得卡布里奖。近期著作有《千鸟酒馆》《在花床上午睡》《鸟たち（暂译：那些鸟）》《サーカスナイト（暂译：马戏团之夜）》。

第九章
关于荷欧波诺波诺

在夏威夷语里,"荷欧"是目标的意思,而"波诺波诺"则是取得平衡的完美状态。也就是说,荷欧波诺波诺的意思就是纠正不平衡的状态,找回原本的完美平衡。

身为夏威夷州宝的已故莫娜女士,将荷欧波诺波诺这个自古流传于夏威夷的解决问题的方法,发展成更简单的形式,让任何人在任何时间、任何地点,不需要依靠其他人就能使用,而这就是现在我们所使用的荷欧波诺波诺回归自性法(以下简称为荷欧波诺波诺)。

这里简单介绍一下荷欧波诺波诺。荷欧波诺波诺认为任何存在都具有自我,不管是人类、动物、植物,还是土壤、海洋、山、河川、金属、空气。而且,还是由意识(尤哈尼)、潜意识(尤尼希皮里)、超意识(奥玛库阿)这三个自我所构成的。

意识（尤哈尼）

这是我们平常所认知的意识，能够察觉到问题，也能选择是否要清理。对尤尼希皮里而言就像是母亲一样。

潜意识（尤尼希皮里）

又称为内在小孩。不只保存着幼儿期的记忆，还保存这世界诞生后的一切记忆，并以情绪及问题的形式回放，展现出记忆。只要尤哈尼开始清理，尤尼希皮里就能放下一直以来所累积的记忆。

超意识（奥玛库阿）

能够将尤尼希皮里想放下的那些记忆，呈交给神性智慧（神圣的存在）。属于灵性的部分。

神性智慧（神圣的存在）

万物的根源。将收到的那些记忆，经由荷欧波诺波诺的步骤，转化为零的状态。能够释放出灵感。

我们所体验到的问题，是由于无数的记忆累积在内在小孩尤尼希皮里的身上，而这些记忆无处可去，因此不断反复回放所导致。消除记忆的行为则称为清理。

只要我们在发生问题的时候能选择清理,并且尽可能无论何时都清理,这么一来,就能放下所有累积在尤尼希皮里的记忆,活出原本充满灵感、富足而自由的自己。

基本的清理方法是使用这四句话。"谢谢你、对不起、请原谅、我爱你"。只要反复在心里默念这四句话,或者念"我爱你",就能在不知不觉间,逐渐消除所累积的大量记忆。

除此之外,荷欧波诺波诺的呼吸法"HA 呼吸",也能发挥清理的作用。做法很简单。

尤尼希皮里经常会被记忆塞满而感到痛苦,而这呼吸法能将神圣的呼吸送到尤尼希皮里那里,这样一来,在清理的时候就会变得更加顺利。当你感到疲劳或有压力时,或是脑中浮现不出新点子的时候,都建议你使用这个呼吸法。

荷欧波诺波诺还有许多其他的清理方法,详情可以参考其他书籍,也可以在 SITH 主办的课程和讲座中学到。不过,最重要的还是实际去做。本书所介绍的基本清理方法,是已故的莫娜为了让任何人都能自由运用荷欧波诺波诺而发展出来的。因为真的太简单，或许让人有时会心生疑问，觉得："这样真的是在清理吗？"然而，这时就连这种疑问与担忧也都是一种记忆，因此，当你察觉到内心有这样的想法时，就念念"我爱你、我爱你、我爱你"，实际使用荷欧波诺波诺吧。

修·蓝博士使用Nike的口号，对停滞不前、不去清理的我们说："Just do it.（做就对了）"用这句话在我们背后推一把。

来吧！现在就直接开始使用荷欧波诺波诺！遇见原本理应存在的那个富足又自由的自己！

后记
最适合你的，即将到来

当你实践了荷欧波诺波诺、开始活出真正的自己后，可能会开始发现现在的自己并不是真正的自己，而感受到前所未有的痛苦。当你在真正的意义上不再将问题归咎于他人时，或许会有种失去朋友的感觉。但是，请你不要害怕。

当你的内在小孩再次找回爱的时候，一切就会显现出真实的样貌。最适合你的事物会从别处来到你眼前，有时候可能也会在完全出乎意料的地方出现。当这些适合你的事物出现时，表示经由神性智慧的手所施予的自然法则和节奏，已经回到你身上。

谢谢你阅读本书。愿你、你的家人、亲戚及祖先，能够拥有超越人类理解程度的平静。

平静从我开始　伊贺列卡拉·修·蓝

试试"薄荷棒"

我从头到尾清理了构成本书的这趟旅程,而我也持续清理本书直到完成,在这过程中,通过灵感而获得了一个清理工具。这清理工具叫作"薄荷棒"。这是一个类似铅笔形状的薄荷棒子,很难想象的话,只要在平时浮现出各种问题、状况与想法的时候,念念"薄荷棒"就可以了。现在马上用用看吧。这个工具能够松动那些导致问题产生的记忆团块,让其温柔、轻松地纾解开,并带向清理的程序,将你的人生引导至更明确的方向。虽然除了这个方法以外,还有很多其他的清理方法,但如果觉得这方法不错的话,请一定要试试看。

"薄荷棒!"

能够参与这趟旅程,我感到非常荣幸。在一切的存在各自乘着自己的船横渡人生的过程中,我能够像这样通过清理跟各位有所接触,再也没有什么比这更加丰裕、美丽了。

非常感谢你,愿你常保平静!

KR

帮助我每天清理的这本书

我要对所有协助这本书的各位致上谢意。修·蓝博士、KR女士以及我在这趟夏威夷之旅遇到的所有人,还有现在正以荷欧波诺波诺回归自性法讲师之姿活跃的玛莉·科勒小姐、尼罗·契科先生,以及这一刻仍然在清理的各位读者,要是没有这些人,这趟旅程与这本书都无法完成。我由衷感谢诸位。

艺术工作者潮千穗与我一同完成这趟旅程,仿佛是我这趟旅途的守护者,她不只帮我们拍了许多很棒的照片,而且,每一天都在培育着和夏威夷之间的爱。和千穗一起清理的日子,就像是我的宝物。

我想全世界有很多人,在黑暗的晚上只身一人不得不面对自己的时候,一直都受到吉本芭娜娜作品的抚慰,藉以寻找光明,而我也是其中的一个。借着芭娜娜的文字,我现在实践着荷欧波诺波诺,获得了能在现实中实行的机会。此外,潮千穗也是芭娜娜介绍我们认识的。这一切都令我十分感谢。

这趟旅程其实是在2013年进行的。虽然我很快就把原稿整理好了，但在技术上却有所不足，加上每天又会遇到许多问题，因此迟迟没有进展。每当我带着原稿去见KR、琴和博士时，都会为进度延后一事道歉，这时他们一定会对我说：

"请你清理心中的期待，神性智慧并不是你的仆人，拿着计划书的不是你，而是神性智慧。现在立刻能做的是清理，不要用你的期待来阻止流动。请你清理每一天，藉此保持敞开的状态。"

从那以后，我就不再是在整理这趟旅程中访谈的内容，而变成是这些内容在帮助我每天清理。写在这本书的真实话语，都变成最棒的清理工具，让平时被记忆填满而停滞不前的我，能够再次处于敞开的状态。而且还变成一个非常棒的体验，让我察觉到旅程中感受过的风、人们的笑容、空气，以及花的甜美香气，其实一直都在某个位置不断流动。

十分感谢讲谈社以及喜绫股份有限公司的各位，讲谈社在这么长的一段时间里，一直非常有耐心地包容始终无法完成原稿的我，同时也提供很有力的建议、给了我许多支持。即使是正写着后记的此时此刻，我也并未拥有"我的人生百分之百充满灵感"的状态。我总是会遇到问题，我会和母亲争吵，没有对朋友敞开心胸，尚未习惯婚姻生活（我与台湾的未婚夫顺利结婚了），担心我在日本的家人等。但是，我已经知道荷欧波诺波诺这个最强的方法，我能够放下、不再去回放那种想象随时可能会有僵尸跳出来的每一天，就连每一刻出现的各种不同情感，都转变成惹人怜爱的东西，丰裕、自由自在地为人生添上色彩，让人生变得更加丰硕。

谢谢看到最后的你们。

平良爱绫

附录
清理工具的使用方法

· 蓝色太阳水

这是荷欧波诺波诺颇具代表性的一种清理工具。在蓝色玻璃瓶（要用金属以外的盖子）里装入自来水，让瓶子照射阳光 15 ~ 30 分钟以上。使用方式自由，可以日常饮用、用于烹饪、喷在房间或身上等。

· 冰蓝

冰蓝是冰河的蓝色。无论你有没有在心里想象出冰蓝色都无妨，只要在心里默念冰蓝，就能洗涤被记忆束缚的思考。另外，当你说了冰蓝后再触碰植物，也会变得更容易与植物交流。

"我"就是"我"

OWAU NO KA "I"

"我"来自空无显现光明,

Pua mai au mai ka po iloko o ka malamalama,

"我"是滋养生命的气息,

Owau no ka HA, ka mauli ola,

"我"是那超越一切意识所能理解的空性,虚无,

Owau no ka poho, ke ka'ele mawaho a'e o no ike apau.

是"我",是万相,是一切。

Ka I, ke Kino Iho, na Mea Apau.

"我"经由水珠画出弯弯彩虹,

Ka a'e au i ku'u pi'o o na anuenue mawaho a'e o na kai a pau,

是充满念头永无止息的心。

Ka ho'omaumau o na mana'o ame na mea a pau.

"我"是那进出的气息,

Owau no ka "Ho", a me ka "HA"

是不可见，不可捉摸的微风，

He huna ka makani nahenahe,

是无法定义的创世原子。

Ka "Hua" huna o Kumulipo.

"我"就是如此的"我"。

Owau no ka "I".

"我"的平静

KA MALUHIA O KA "I"

平静与你同在，所有我的平静，

O ka Maluhia no me oe, Ku'u Maluhia a pau loa,

平静就是"我",平静就是"我"当下所在,

Ka Maluhia o ka "I", owau no ka Maluhia,

平静常在,从现在到未来乃至永恒。

Ka Maluhia no na wa a pau, no ke'ia wa a mau a mau loa aku.

我的平静"我"给予你,我的平静"我"托付你,

Ha'awi aku wau I ku'u Maluhia ia oe,

waiho aku wau I ku'u Maluhia me oe,

不是外在世界的平静,只是我的平静,

A'ole ka Maluhia o ke ao aka, ka'u Maluhia wale no,

"我"的平静。

Ka Maluhia o ka "I".

案例分享
在荷欧波诺波诺中找回真正的自己

——冯晓琳

在我的生命中,一直有一个很大的问题困扰着我,那就是内心的自卑感。它就像一个阴影一样,挥之不去,常常令我陷入自我批判的痛苦中。

我第一次有这种自卑感,是从家乡的镇上来到县城上高中的时候,那时候班上大部分同学都是来自县城的,我觉得自己是从农村来的,所以不敢融入他们。他们时髦的穿着,自信的谈吐,常常让我觉得自己很土、很自卑……

上大学和开始工作后,我开始学会把内心的自卑藏起来,用外在的阳光、热情来伪装自己,可我知道自己并没有拥有真正的自信。很多时候,在同事中,在人多的聚会中,或者在学习课程中,我都觉得自己是最渺小的那个人,我的内心总是在无止尽地播放着批判自己的声音:你怎么这么差劲,你不如他人,他们一定看不起你……我越是这样批判自己,对自己的未来就越充满恐惧。打工的时候,为了赚更多钱,在上海能够生存下去,能让别人看得起自己,我换了一份又一份工作,但我的生活却越来越不快乐,甚至得了很严重的抑郁,开始对生活渐渐失去信心和希望。还记得有一天晚上,我一个人不知不觉来到徐家汇的天桥上,看着来来往往行驶的车辆和五彩缤纷的霓虹灯,眼泪不禁落下,生活的艰辛,对未来的迷茫,内心的自卑都让我痛到极点,也对自己失望到极点,当时好想纵身一跃,但终究还是没有那份勇气。

就在人生最低迷的时候,我遇见了生命中的第一本书——《零极限》。这本书开启了我和荷欧波诺波诺之间不可思议的缘分,也改变了我整个人生。后来我又陆陆续续把市面上所有能买到的零极限书籍,全部买回来,每天废寝忘食地读。

从那时起,我从生命的黑暗中仿佛看到了一丝曙光,我开始学会了真正去正视自己,开始意识到自己这些批判自己的声音,全部都是来自记忆,它不是真的。在书中,修·蓝博士一再强调,我们遇到的所有问题全部都是来自于记忆,而我们可以通过清理,来消除掉这些记忆,让饱受煎熬的心得到自由。我开始通过不断地练习书中分享的清理方法,每一天,当内在那个批判自己的声音再次出现的时候,我就开始在心里默念:"对不起,请原谅,谢谢你,我爱你"四句清理话语。突然有一天,我开始为自己拥有生命,来到这个世界而感动的泪流满面,我的内心被无限的感恩充满着……

我开始像零极限系列图书的作者一样,把实践清理融入自己的每一天日常生活中。我最爱零极限的一点,就是它非常简单,没有很深奥的道理,也不需要去要求别人改变或者外在环境改变,而仅仅只要自己开始去清理,我们外在的一切就会发生奇迹般的变化,我知道这就是我所渴望的成长方式。就这样,我开始把清理当作自己每天的日常习惯,到今年刚好满10年。在这10年中,我收获了很多清理带给我的奇迹,比如我从迷茫的打工者开始走向创业,找到自己热爱的事业,成为自己的老板;从大龄单身女青年,到很快遇见了理想的伴侣,组建了家庭,拥有2个可爱的男孩;从当初带1000块来到上海,住在阴暗的地下室，到现在拥有了财富和时间的自由；从当初那个非常自卑的乡下女孩，到如今每一年都会去好几个国家旅行和学习，通过日复一日的清理，我一点点找回了自信。

每当我看自己现在的生活，我的内心都充满了感恩，对生命的感恩，对零极限的感恩，以及对在生活中所有遇到的问题的感恩。KR女士说，每一个问题都是一次清理的机会。当我们把问题看作是一次提醒自己去清理的机会时，我们就会慢慢成为一个百分百为自己负责任的人。当我们学会为自己生命负起100%责任时，我们就会拥有很强大的创造力量。这力量会带给你一切你所渴望的。最重要的是，你会借由清理找到真正的自己，活出自己真正的生命蓝图，就像这本书《荷欧波诺波诺的奇迹之旅》中所探访的这些生活在夏威夷，几十年如一日践行零极限生活方式的实践者和老师们一样，活出自己真正自由的人生！

最后祝福大家，也邀请大家一起踏上零极限的美好生活之旅！

谢谢你，我爱你！

分享者介绍：

冯晓琳：

醒觉心灵 CEO，荷欧波诺波诺中国负责人，实践荷欧波诺波诺十年，通过持续清理、找回真正的自己，遇到喜欢的事业机会，开始走上创业之路，同时也通过清理从大龄单身女青年，到遇见另一半快速闪婚，组建了幸福美好的家庭，一起孕育了 2 个可爱的男孩。

一生致力于让更多人了解和学习实践荷欧波诺波诺，也希望越来越多的人加入实践清理，为自己的人生负起百分百的责任，从而让我们和所生活的家庭、城市乃至整个地球都变得更加美好！

醒觉心灵，是一个专注于个人成长的学习社群，致力于帮助开始进入心灵成长探索的个人，学会用百分百为自己负责任的态度，活出自己真正有意义、又幸福的人生。

自2016年6月起，醒觉心灵有幸成为全球知名的夏威夷疗法荷欧波诺波诺在中国的独家合作伙伴，至今已合作开展了多场爆满的大型零极限演讲会，十多次零极限正式工作坊，帮助数千人开始走上随时让内心回归平静的零极限美好生活方式。

也欢迎你，一起走进零极限的美好生活中。

谢谢你，我爱你！

零极限生活公众号
公司网址：
http://www.hooponopono-china.com/

图书在版编目（CIP）数据

荷欧波诺波诺的奇迹之旅/（日）平良爱绫著；邱心柔译．
-- 北京：中国青年出版社，2020.6（2023.5 重印）
ISBN 978-7-5153-6089-8

Ⅰ.①荷⋯ Ⅱ.①平⋯②邱⋯ Ⅲ.①心灵学—通俗读物 Ⅳ.① B846-49

中国版本图书馆 CIP 数据核字 (2020) 第 114879 号

著作权合同登记号：01-2021-0670
Taidan KR & Yoshimoto Banana HO'OPONOPONO TALK
Originally published in Japan by Kodansha Ltd., Japan in 2015 as a part of the book titled
"HO'OPONOPONO JOURNEY HONTOO NO JIBUN WO IKIRU TABI"
Copyright © 2015 by KR & Banana Yoshimoto
All Rights Reserved
Simplified Chinese translation rights arranged with Banana Yoshimoto through ZIPANGO,S.L.

中文简体字版权 © 北京中青心文化传媒有限公司 2022

版权所有 侵权必究

荷欧波诺波诺的奇迹之旅

作　　者：[日] 平良爱绫
译　　者：邱心柔
责任编辑：吕娜
书籍设计：瞿中华
出版发行：中国青年出版社
社　　址：北京市东城区东四十二条 21 号
网　　址：www.cyp.com.cn
经　　销：新华书店
印　　刷：三河市万龙印装有限公司
规　　格：787mm×1092mm　1/32
印　　张：8.5　　插页：16
字　　数：179 千字
版　　次：2021 年 1 月北京第 1 版
印　　次：2023 年 5 月河北第 2 次印刷
定　　价：79.00 元
如有印装质量问题，请凭购书发票与质检部联系调换
联系电话：010—65050585